런던, 그곳에 박물관

The BIG barbican adventure
PICK UP AND PLAY
TATE
SOUTHBANK CENTRE
Imagine
7–18 Feb
CHILDREN'S FESTIVAL
ARTS COUNCIL ENGLAND
December 2011
FAMILY FUN
What's on Family
Family Art Fun!
January–March 2013
October–Dece
Admission free
Family Trail
Family A
Families
July–September 2019
Family Art Fun Guide
What's On
June–August 2015
The British Museum
BookPeople
V&A
Ticket

런던,
그곳에 박물관

서미범 지음

SNOWFOX

이 책의 주인공은 나의 딸 태영이다.

나의 영국 이야기에는 항상 아이가 함께한다.

엄마라는 이유 하나만으로 나를 믿고,

작은 손으로 내 손을 꼭 잡고 총총 걸음으로 함께해 준

태영이에게 고맙다고,

정말 고맙다고 말하고 싶다.

FREE TO SEE

OUR TWO BUILDINGS CONTAIN 10 FREE GALLERIES
OF INTERNATIONAL MODERN AND CONTEMPORARY ART

NEW TO MODERN ART?

Visit the Start Display for a
range of resources to explain
and understand art
Start Display
Natalie Bell Building, Level 2

FREE GUIDED TOURS

Join a free tour for an overview
of Tate Modern, followed by a
closer look at specific works
Every hour 11.00–16.00,
meet Natalie Bell Building, Level 4

WELCOME
BENVENUTI
환영해요
WILLKOMMEN
欢迎
BIENVENIDO
ようこそ
BIENVENUE
ДОБРО
ПОЖАЛОВАТЬ

비행기를 타고 10시간 이상 날아가야 도착하는 런던은 참 멀다. 먼 나라로 떠나면서 각자 품는 기대나 계획이 다르듯 떠나는 이유도 제각각일 게다. 여행을 하려고, 잠시 살아보려고, 또는 정착을 위해 떠나는 사람도 있을 것이다. 그중에서도 아이와 동반하는 사람들에게 영국 박물관에서 진행되는 워크숍에 관해 알려주고 싶은 정보를 이 책에 담았다. 사회성이 떨어지고 소심하기도 한 내가 이렇게 겁도 없이 책을 펴낼 정도로 영국에서 사는 동안 가보았던 박물관에서의 경험은 특별했다.

그럼 이 책을 어떻게 활용하면 좋을까? 책에서는 박물관을 미술, 공연, 전시, 과학, 이렇게 네 가지로 범주로 나누었다. 런던에서 방문한 박물관들을 주된 감상 주제에 따라 분류한 것이다. 엄밀히 말하면 연극이나 음악공연을 소개한 '공연'은 박물관의 범주에서 벗어나지만, 대중을 상대로 하는 워크숍을 적극적으로 진행한다는 점에서 이 책에서 빠질 수 없는 주연감이다. 박물관의 규모나 전시물의 개수와 상관없이 아이들을 대상으로 하는 워크숍을 다양하게 마련하여 적극적으로 운영하는지를 우선하여 기준으로 삼았다.

　오해하지 말아야 할 점은 '미술'에 소개된 박물관이라고 해서 미술과 관련한 이벤트만 있는 게 아니라는 것이다. 미술의 범주에서 벗어난 이벤트와 워크숍 등 다양한 활동에 참여할 수 있다. 미술품을 전시하는 박물관 안에서 음악 공연이 열리고, 영화를 상영하기도 한다.

　'공연'과 '전시' 그리고 '과학'도 미술과 마찬가지다. 박물관 본연의 주제에 뿌리를 두면서 다양한 형식의 이벤트와 워크숍이 진행된다. 그런 이유에서 박물관이 관람을 위해서만 찾는 곳이라는 편견을 이 책을 통해 조금이나마 바꿀 수 있지 않을까 생각한다. '이번에 런던에 놀러 가면 미술 감상을 해야겠어.' 라고 계획하고 있다면 '미술'에서 소개한 에피소드를 통해 미리 간접 체험을 하고 마음에 드는 워크숍을 골라 박물관을 선택해 찾아가면 된다. 모든 이벤트나 워크숍은 일정만 맞는다면 누구나 참여할 수 있으며 대부분 무료로 진행된다. 유료라도 비용은 저렴하고 사전 예약이 필요한 경우는 인터넷이나 직접 방문을 통해 어렵지 않게 예약할 수 있다. 워크숍이나 이벤트 참여가 아니라 박물관에 있는 샵이나 카페만 들러 시간을 보내도 좋다. 그곳에 가는 길에 슬쩍 보게 되는 전시물에 호기심이 생겨 관람과 참여로 이어질지도 모른다.

책에서 소개되는 모든 활동에 참여하라고 아이에게 억지로 강요할 필요는 없다. 박물관 워크숍은 인도자일 뿐이고, 이 책에서 소개하는 에피소드 또한 참고사항일 뿐이다. 독자들이 각자 자유롭게 박물관을 즐기기를 바란다. 아이와 함께 박물관에 가서 조금은 지루하더라도 시간을 들여서 천천히 보고 오래 생각하고 즐겨보자. 그렇게 하다 보면 보이지 않던 것이 보이고 생각지도 못했던 즐거움을 찾게 될 것이다.

차
례

CONCERT 공연

EXHIBIT 전시

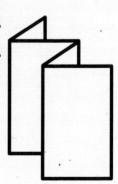

SCIENCE

과학

ART
미술

영감: 창조적인 일의 계기가 되는 기발한 착상이나 자극

영국에서는 미술관을 드나드는 게 행복이었다면, 한국으로 돌아온 후, 가장 큰 낙은 목욕탕에 가서 피로를 푸는 일이다. 그날도 목욕탕으로 나섰다. 추한 몰골이라 아무도 만나지 않길 바랐건만 엘리베이터에는 이웃집 엄마가 아이와 함께 타고 있었다. 미술관에 간다며 짧은 인사를 건넨 그들은 신경 써서 옷을 차려입은 듯 보였다. 피카소 그림책을 들고 있는 것을 보니 마침 예술의 전당에서 열리고 있는 '피카소와 큐비즘' 전에 가는 것 같았다.

즐거워 보이는 모녀가 보기 좋았지만, 한편으로는 우리가 미술관을 대하는 자세에 대하여 생각하게 되었다. 미술관은 꼭 차려입고 가야 하나? 옷을 입는 일이 대상을 대하는 마음가짐이라고 가정한다면 미술관을 대하는 자세가 너무 거창한 게 아닐까? 경직된 자세는 미술관을 어렵게 느끼는 장벽이 될 수 있다. 어렵다는 편견은 작품을 제대로 느낄 수 없고 인식할 수 없게 만든다. 언젠가 일본 여행길에 있었던 일이 떠올랐다. 미술관 전시실 입구를 지키고 있는 엄숙한 직원에게 계속 감시 당하는 느낌, 숨도 쉬기 힘든 적막함 속에서 어떤 그림도 눈에 들어오지 않았다. 내 숨소리와 발걸음 하나하나 신경 써야 하는 미술관은 다시 가고 싶지 않다.

그렇다면 오랜 시간 동안 문화적 혜택을 받은 런던에 있는 미술관은 어떨까? 지금의 런던은 복잡하고 이질적인 문화들이 충돌과 공존을 반복하며 위태로운 듯 함께 가고 있다. 전통을 고수하면서도 새로운 시대의 변화를 유연하게 받아들여야 하는 어려움도 겪고 있다. 그러한 소용돌이 속에서 런던의 미술관은 일종의 중재자처럼 대중의 소리에 귀를 기울이고, 고전 미술부터 현대미술에 이르기까지 인종과 성별에 구애받지 않고 다양한 작가의 미술품을 전시하고 있다. 런던에서는 어디를 가든지 그런 미술관을 쉽게 만날 수 있다. 오래되고 웅장한 건물 안에 수천 점의 고전 회화를 전시하는 내셔널 갤러리National Gallery와 초상화를 전시하는 내셔널 포트레이트 갤러리National Portraits Gallery가 있고, 500년이 넘는 세월의 흔적을 간직한 서머싯 하우스Somerset House 건물 안에는 프랑스 인상파와 후기인상파 그림이 전시된 코톨드 갤러리The Courtauld Gallery가 있다. 밀레니엄 브리지를 건너면 현대 예술의 열정으로 가득한 테이트 모던Tate Modern이 있고, 템스강을 따라 동쪽으로 가면 영국을 대표하는 미술 작가 작품을 전시하는 테이트 브리튼Tate Britain이 있다. 작은 미술관까지 언급하자면 끝이 없다. 대부분의 미술관은 무료관람이 가능하니 일정에 맞춰 편안하게 방문하면 된다. 편안한 마음이야말로 미술관 나들이를 지속하게 만드는 중요한 요인이다.

최대한 편안한 공간을 제공한다 해도 장소의 크기에 따라, 동반자에 따라 그리고 그날의 기분에 따라 작품감상이 쉽지 않을 때도 있다. 개인차는 있겠지만 나의 경우, 그림과의 거리를 좁힐 수 있었던 소형 미술관과는 달리 대형 미술관에서는 작품 감상이 불편했다. 커다란 공간과 넘쳐나는 명화에 짓눌려 마음이 부담스럽고 그림을 몇 점 감상하기도 전에 금세 지쳤다. 운 나쁘게도 관람객이 많은 날에는 더 힘들게 느껴졌다.

게다가 대형 미술관에 아이와 함께 가게 되면 얘기는 또 달라진다. 아이가 작품을 보든지 말든지 내버려둬야 할까? 얕은 지식이라도 전달하기 위해 아이를 유명한 그림 앞에서 멈춰서게 하고 설명을 해줘야 하나 혼란스러웠다. 아이와 함께 어떻게 그림을 감상할지에 대해 고민해봐야 한다. 그렇지 않으면 미술관은 아이와 함께 가기 어려운 곳으로 전락해버릴 수 있다.

어느 날 '프리 패밀리 펀!Free Family Fun' 이라고 인쇄된 안내지가 눈에 들어왔다. 친근한 디자인은 안내지를 펼쳐보고 싶게 만들었고, 그 안에는 '패밀리 워크숍Family Workshop'에 대한 자세한 안내가 있었다. 전문가들이 기획한 아이들을 위한 워크숍은 그림을 감상하는 하나의 좋은 방법이 되어 나의 고민을 해결해주었다.

딸아이는 워크숍에 무료로 참여할 수 있는 7세부터 11세 사이의 어린아이였고, 나는 어린 자녀의 보호자로서 함께 참여할 수 있었다. 우리는 워크숍을 통해 영국의 교육 문화를 간접적으로 접하고 교육 영역을 확대해볼 소중한 기회를 얻었다. 미술관은 더 이상 작품을 수동적으로 감상하는 지루한 곳이 아니다. 미술관마다 조금씩 다르기는 하지만 화가와 음악가가 함께 작품을 만들기도 하고, 영상이나 음향 매체를 활용하여 공연이나 음악회를 열기도 한다. 이렇게 미술관은 미술과 여러 분야가 어우러진 새로운 문화를 탄생시키며 대중의 방문을 기다리고 있다. 유명한 그림은 꼭 봐야 한다는 강박관념에서 시작해도 좋다. 유행에 뒤처지지 않으려고 가도 좋다. 어떤 이유라도 상관없다. 자주 방문하다 보면 미술관을 자신에게 맞게 활용할 수 있게 될 것이다.

보호자로서 함께 워크숍에 참석한 나는 기대도 하지 않았던 큰 만족감을 얻기도 했고, 때로는 생각보다 시시하다고 느끼기도 했다. 게다가 낯선 장소에서 서투른 언어로 진행되는 워크숍에 적응하느라 어색할 때도 있었지만 좋았던 기억이 더 많다. 좋았던 기억은 참여했던 워크숍 자료를 정리하게 만들었고, 책을 쓰는 동기가 되었다. 책을 쓰면서 뒤늦게 미술관의 목표를 살펴보며 그들이 '영감INSPIRATION'을 얼마나 중요하게 생각하는지 알게 되었다. 당시 워크숍에 무작정 참여하기에 바빴던 마음을 정리하고 천천히 워크숍을 되돌아보았다. 여전히 나에게 영감이란 개념은 안개와도 같지만 작품에서 받았던 영감이 어떤 것인지 조금은 알 것 같다.

미술관에서 참가한 다양한 워크숍은 수많은 명화를 영감의 원천으로 활용할 수 있도록 길잡이가 되어준다. 〈배철수의 음악 캠프〉에서 음악평론가 임진모가 "영감은 천재의 전유물이 아닙니다."라고 한 말이 떠오른다. 디자이너 재스퍼 모리슨Jasper Morrison의 경우 항상 휴대하기 편한 사진기를 들고 다니면서 인상에 남는 장면을 사진으로 담고, 여러 해가 지나 수천 장이 된 사진을 컴퓨터로 모아 보면서 필요한 영감을 얻는다고 한다. 우리는 일상 어디에서나 영감을 얻을 수 있다. 미술관은 그중 하나일 뿐이다. 다만 무수히 걸려 있는 명화에 압도당해 감상하기도 벅찬 환경에서 영감을 얻기란 쉽지 않을 뿐이다. 앞으로는 미술관이 모든 사람의 상상력에 활력을 불어넣는 장소가 되기를, 영감의 원천을 찾아 쉽게 드나드는 장소가 되기를 바란다.

빅토리아 앤드 앨버트 뮤지엄
Victoria and Albert Museum

'런던에서 가장 다시 가고 싶은 곳이 어디냐'는 질문을 받는다면 어떻게 대답을 해야 할지 누구도 내게 그런 질문을 한 적 없지만, 혹시나 싶어 답변을 수도 없이 연습했다. 그럴 때 마다 0.1초 고민도 없이 입술 밖으로 나오는 장소가 바로 빅토리아 앤드 앨버트 뮤지엄Victoria and Albert Museum: V&A이다.

그곳은 한마디로 아름다운 곳이다. 진부한 표현이지만, 그것으로 충분하다.

V&A는 다양한 전시물을 소장하여 전시하고 있다. 조금 더 자세하게 언급하자면, 5000년 전부터 오늘까지 아우르는 건축, 가구, 패션, 섬유, 사진, 조각, 회화, 보석, 유리, 도자기, 책, 디자인뿐만 아니라 극장과 공연에 관한 것까지 모두 전시되어 있다. V&A의 중요한 목표 가운

데 하나는 대중과 함께 창조하고, 공연하고, 탐구하기 위해 전시물과 연계한 프로그램을 끊임없이 연구하고 개발하는 일이다. 그 노력 덕분에 일 년 내내 다양한 프로그램이 대중의 참여를 기다리고 있다. 대부분의 프로그램은 사전에 예약 없이 자유롭게 참여할 수 있는 방식으로 진행된다. 상설 전시물뿐 아니라 기획전시와 연계하여 놀이를 할 수 있는 장을 마련하거나 작은 공연을 열기도 하고 영화를 상영하기도 한다.

아름다운 곳에서 열리는 워크숍이 구성마저 알차고 다양하니 이보다 더 완벽한 곳이 있을까 싶다. 굳이 한 가지 아쉬운 점을 덧붙인다면, 전단지나 인터넷으로 제공하는 워크숍에 대한 사전 설명이 너무 피상적이라는 것이다. 하지만 참가자가 만족하는 워크숍이 되도록 노력하는 V&A이므로 워크숍 선택에 망설일 필요가 없다. 분명, 어떤 워크숍에 참석하더라도 만족할 거라 믿어 의심치 않는다.

데쿠파주로
꾸밀 만한 가구를 가지고 오세요

'데쿠파주Decoupage로 꾸밀 만한 가구를 가지고 오세요.'라고 V&A 홈페이지에 올라온 짧은 공지를 보고 '들고 갈만한 가구가 있나?' 한참을 찾았다. 자동차가 없으니 무거운 가구를 들고 갈 엄두가 나지 않았기에 고민 끝에 선택한 것은 이케아에서 구매한 목욕탕 의자였다. 멋이라고는 찾아볼 수가 없어서 데쿠파주를 하기에 별로 적절하지 못한 준비물처럼 느껴지기도 했지만, 결국 그 목욕탕 의자를 들고 기차와 전철을 거쳐 힘겹게 박물관까지 도착했다. 그러나 정작 가구를 가져온 참가자는 우리뿐이라는 걸 알고 매우 당황스러웠다. 어찌된 영문인지 물어보고 싶었지만 애써 그냥 넘겼다. 불편한 마음이 얼굴에 드러났는지 강사가 다가와 우리에게 연이어 칭찬을 해주었다. "좋아요", "놀라워요", "사랑스러워요" 등 조금은 과장되고 뻔한 격려임을 알면서도 아이와 나는 힘을 얻어 작업에 전념했다. V&A에서 소장 전시하고 있는 직물, 벽지, 패션 및 가구디자인에 있는 다양한 패턴이 프린트된 종이를 찢어서 촘촘히 붙이는 작업이었는데, 시간이 지나면서 평범했던 목욕탕 의자는 제법 근사하게 변신했다. 이날 배운 데쿠파주 종이공예는 재료를 손쉽게 화방에서 구할 수 있으니 실생활에서 활용해보면 유용할 것 같았다. 작품을 다 완성하고 기분이 좋아진 나는 당장 집에 돌아가 데쿠파주를 할 것처럼 강사에게 많은 질문을 했지만, 그 후로는 한 번도 한 적이 없다.

오늘만은 나도 팝스타

　나의 꿈은 레코딩 엔지니어였다. 봄여름가을겨울의 1집 앨범 뒷면에 있는 서울 스튜디오 사진을 보며 그곳에서 일하고 싶다는 꿈을 키웠다. 그래서 대학교에 들어가 무보수로 한국 음반 스튜디오에서 아르바이트를 하기도 했다. 비록 그 꿈을 이루진 못했지만 그런 열정이 있었고, 음악인들의 꿈을 이해하기 때문에 '뮤직 아이콘Music Icon'워크숍은 내게 더욱 특별했다.

　한껏 기대감을 안고 들어선 아트 스튜디오는 마치 실제 화보 촬영장을 연상시켰다. 벽 한 면은 워크숍에서 아이들이 만든 앨범사진으로 가득했고 아우라가 넘치는 사진작가가 커다란 사진기를 들고 조명을 점검하고 있었다. "와!" 감탄이 절로 나왔다. 밝은 불이 반짝이는 분장실 화장대와 무대의상까지 모든 게 완벽했다.

　워크숍에 참가하는 아이들은 누가 뭐라 해도 오늘만큼은 세계 최

고의 팝스타다. 의상을 골라 입고 원하는 대로 분장을 했다. 그리고 분

장을 다 마치면 아이들은 프로필 사진을 찍기 위해 카메라 앞에 섰다.

    주저하거나 쑥스러워 할 법도 한데, 노련한 사진작가는 그럴 틈을 주지 않았다. 아이들을 따뜻하게 대하며 촬영장 분위기를 능숙하게 이끌어 갔다. 시종일관 "사랑스러워요!", "매혹적이에요!"를 외치며 아이들을 독려하고 저마다 가지고 있는 끼와 열정을 힘껏 끌어냈다. '러블리'를 남용해서 어색하기도 했지만, 고래도 춤추게 하는 힘을 지닌 칭찬으로 아이들을 빛나게 했다. 조명 밑에 서서 자세를 취하는 순간만큼은 아이들이 세계에서 가장 유명한 예술가다. 촬영이 끝난 사진은 각자 배정받은 컴퓨터로 옮겨졌다. 많은 사진 중에서 마음에 드는 것을 골라 컴퓨터 프로그램으로 마무리 디자인을 했다.

    태영이의 앨범 재킷은 그럴듯하게 완성되었다. 컬러 프린트로 출력한 결과물에 매우 만족한 태영이는 집으로 가져가는 대신 스튜디오 벽에 붙여 다른 사람들과 함께 감상하고 공유하기로 했다. 팝 음악의 본고장, 그 스튜디오에 태영이의 음반 재킷이 데이비드 보위David Bowie의 음반 재킷과 함께 빛났다.

화성으로 돌아간 록스타
데이비드 보위

'뮤직 아이콘Music Icon' 워크숍이 진행되는 아트 스튜디오 안으로 들어서자 데이비드 보위의 음반과 의상 사진이 눈에 들어왔다. 비록 의상과 사진일 뿐이지만 예측하지 못한 그 만남에 흥분을 감출 수 없었다. 교과서에 나올 법한 고리타분하고 모범적인 소재가 아니라 대중에게 사랑받았던 예술가가 영감의 원천으로서 워크숍의 소재가 된다는 사실에 신선한 충격을 받았다. 순간 이곳은 팝 음악의 본고장 영국이라는 사실을 새삼 깨닫게 되었다. 그렇다 해도 영국의 수많은 팝 아티스트 중에 유독 그가 계속 회자되고, 유수의 박물관에서 그에 관한 전시를 하는 의미를 되새겨볼 필요가 있다.

'신사의 나라, 영국'이라고 불릴 정도로 보수적인 관습을 따르는 사회 분위기 속에서 화려한 의상, 원색으로 염색한 머리, 과장된 화장 등

으로 양성성을 드러내는 글램 록(Glam Rock)이라는 음악 장르는 뜻밖에
도 대중에게 받아들여졌다. 특히 글램 록의 창시자인 데이비드 보위는
대중의 인기를 한 몸에 얻고, 지금 굴지의 박물관에서 그에 관한 전시를
하고 있다. 박물관에서는 데이비드 보위를 문화의 개척자이자 가장 영
향력 있는 예술가라고 소개하고 있으니 매우 흥미로운 일이다.

　　보수적인 사회에서 파격적인 문화를 받아들인 계기는 무엇이었
을까? 1969년 아폴로 11호가 달에 착륙하는 장면이 TV로 생중계되었
을 때 세계는 앞으로 펼쳐질 변화에 대한 기대로 들떠 있었다. 당시는
록 음악의 전성기였고 뮤지션들은 반전과 사랑을 얘기하며 유토피아를
꿈꿨다. 그러나 그들을 지지하고 사랑했던 무리 중 특히 영국 중산층 젊
은이들은 희망을 느낄 수 없는 현실에 좌절하고, 허무감은 커져만 갔다.
게다가 1970년에는 비틀스가 해체하기에 이른다. 그러던 1972년 어느
날, 데이비드 보위는 '톱 오브 더 팝스(Top of the pops)'에서 압도적이고
도발적이며 권위를 비웃는 듯한 노래 〈스타맨(Starman)〉을 부르며 손가
락을 들어 카메라를 정면으로 가리킨다. 그 모습은 젊은이들에게 '네가
되고 싶은 것이 되라'는 깨달음과 해방감을 안겨준 순간이었다. 그는 마
치 지구에서 벌어지는 온갖 시끄러움을 비웃는 화성에서 온 외계인 록
스타 같았다. 아니, 그가 자신을 '지기 스타더스트(Ziggy Stardust)'라고 했
듯이 진짜 외계인일지도 모른다.

문화예술은 자신의 운명을 새로운 방식으로 만들어갈 수 있다는 인식을 줄 수 있다. 데이비드 보위 역시 희망이 없다고 느끼는 사람, 지적으로 불만을 품은 청소년들, 사회에 적응을 못 하는 사람, 정체성에 혼란을 느끼는 사람, 그리고 소외되고 처참한 삶을 이어가는 이들에게 자신의 운명을 들여다보고 새로운 방식으로 만들어갈 용기와 기회를 준 예술가이다. 그는 경계를 가르지 않고 다양한 분야의 수많은 예술가와 함께 끊임없이 공동작업을 이어갔다. 그러하기에 문화와 예술을 다루는 박물관에서 그의 예술적 행보를 되새겨보고 전시하는 것은 당연할지도 모른다.

그가 활발히 활동하던 1980년대, 나는 나름 다양한 음악을 듣는 다고 생각했지만, 사진 속의 그의 모습은 생소하고 음악은 난해하기만 했다. 나 역시 보수적인 가정에서 태어나 보수적인 나라에서 살았으니 선입관과 편견이라는 안경을 벗지 못했다. 이질적인 새로운 문화를 받아들일 준비가 되어 있지 않았던 것이다. 30여 년이 지난 지금도 그가 보여준 부조리에 맞선 자유의 행보가 완전히 이해된다고는 할 수 없지만, 그의 음악을 듣고 가사를 살피고 그의 삶을 되돌아본다. 하지만 그는 2016년 스타맨이 되어 우주로 떠나 버렸다. 시대를 초월한 그의 음악과 지구인에게 보여주었던 수많은 업적은 영원하겠지만 이제 더 이상 데이비드 보위와 동시대를 공유할 수 없게 된 슬픔은 깊고, 허전함이 크다.

장소와 내가 하나가 되어

　V&A에서 길을 잃은 적이 있다. 순간 어떡하나 싶었지만, 그냥 마음 편하게 발길 닿는 대로 걸어보기로 했다. 전시실마다 조명 밝기도, 전시 방식도, 전시물 종류도 정말 각양각색이었다. 마치 다양한 장르의 영화 속 명장면을 쭉 훑어보는 느낌이랄까? 그러다 우연히 가게 된 '룸 94Room 94'는 시간을 삼켜버린 블랙홀처럼 어두운 공간에 거대한 태피스트리만이 빛을 내뿜고 있었고, 또 다른 세계가 존재할 것 같은 신비로움을 자아냈다. 그런 공간에서 '무브먼트워크숍Movement Workshop'이 진행된다고 하니 매우 궁금했다.

　워크숍 시간보다 일찍 갔지만 이미 'Room 94'에는 많은 아이들이 도착해 있었다. 강사는 우리에게 곧바로 다가와 뭔가 장황하게 설명을 시작했다. 이번 워크숍은 부모님이 꼭 함께 참여해야 하며, 양말을 벗으라고 지시했다. 전시장 바닥에는 하얀색 테이프로 직사각형 영역이 표시되어 있었다. 워크숍은 그 안에서 진행되니 절대 벗어나면 안 된다는 설명을 덧붙였다. 시작 직전에 강사는 다시 한번 주의해야 할 사항에 대해서 자세히 당부했다. 이번 워크숍에서는 몸의 움직임이 많으니 아이들이 서로 부딪쳐서 다치지 않도록 부모들이 신경을 써 달라고도 했다. 나는 시차 적응이 덜 되어 많이 피곤한 상태라 마음과 다르게 몸이 따라주지 않았다. 그래서 이번 워크숍은 아이가 참여하는 모습을 멀리서 지켜보기만 하려고 했는데 양말까지 벗고 같이 참여해야 한다고 하니 불만이 터져 나왔다. '까다롭기는……' 투덜거리며 양말을 벗으면서도 영 내키지 않았다.

그런데 오디오에서 생각지도 못한 아름다운 음악이 흘러나오는 순간 탐탁지 않았던 마음이 누그러졌다. 단단하게 다져진 강사의 몸에서 우아함과 건강미가 흘러넘쳤다. 음악에 맞춰 참가자에게 이야기를 들려주고 나서 몸동작으로 표현을 했다. 워크숍 참가자 모두는 열정적인 강사의 몸동작에 매료된 채 지시에 따라 음악에 몸을 맡기며 몰입했다.

워크숍 맨 마지막 순간은 아직도 생생히 기억이 난다. 강사는 엄마와 아이 모두 최대한 편안한 자세로 천장을 바라보고 바닥에 누우라고 지시했다. 두 명의 강사가 얇고 반짝이는 천을 맞잡고 사람들 사이를 지나다녔다. 귀에는 아름다운 음악이 흐르고, 눈 앞에 아름다운 색의 물결이 일렁였다. 몽환적인 분위기 속에서 평화로움을 느끼며 긴장했던 몸과 마음이 편안해졌다. 다시 가지 못할 것 같았던 영국에서 그 겨울, 두 눈을 감고 감사의 기도를 드렸다. '내가 여기에 있구나! 진짜 이곳에 있구나. 감사합니다.'

1파운드 아끼지 마세요

V&A에는 메인 인포메이션 데스크와 별도로 아이들만을 위한 작고 예쁜 인포메이션 데스크가 따로 마련되어 있다. 이곳에서는 '패밀리 백팩Family Backpacks'을 빌릴 수 있고, V&A에서 심혈을 기울여 만든 '페이퍼 트레일Paper Trail' (전시관에서 제공하는 간략한 활동지)과 여러 가지 안내서가 준비되어 있다. 인터넷을 통해 필요한 정보를 확인하고 박물관을 방문해도 때에 따라 프로그램이 변경되거나 취소되는 경우가 있으므로 어린이 인포메이션 데스크에 들러 확인해보는 것을 권한다. 아니, 그냥 무조건 가서 물어보자. "아이와 함께 왔습니다. 박물관에서 어떻게 보내면 좋을까요?" 라고 물으면, 직원은 그날 참여할 수 있는 워크숍부터 이벤트까지 친절하게 안내해준다.

안내를 받았다면 꼭 지도를 사자. 요즘엔 인터넷으로 웬만한 정보를 다 얻을 수 있지만 나는 여전히 손으로 잡고 만지고 연필로 표시할 수 있는 지도가 좋다. V&A 지도는 종이 질감도 좋아서 기념품으로도 손색이 없다. 시간이 조금 걸리더라도 차분하게 지도를 보며 동선을 파악하자. 그러면 '여기는 뭐 하는 곳이지?' 궁금한 장소를 발견하게 될 것이다. V&A의 경우 전시실과 별개로 '국립예술도서관National Art Library', '알아이비에이 건축 스타디 룸RIBA Architecture Study Rooms', '인쇄와 그림 스타디 룸Print & Drawings Study Room'과 같이 숨겨진 장소가 많이 있으니 찾아가 보는 것도 색다른 경험이 될 것이다. 가방은 '물품 보관소Cloakroom'에 맡기자. 몸이 가벼워지면 특별한 장소를 찾아 나서기가 훨씬 수월해진다.

트레일을 완성해보자

인포메이션 데스크에 있는 트레일은 정말 예쁘다. 맨 처음에는 용도도 모르고 그저 예뻐서 집으로 가지고 왔을 정도였다. 트레일은 '피크닉 파티Picnic Party'나 '글로리어스 가든Glorious Gardens'과 같이 흥미를 끄는 제목과 예쁜 디자인으로 아이들의 관심을 유도한다. 트레일에는 주제와 관련된 전시물들을 따라가게 안내되어 있다. 재미난 유도 질문은 아이의 호기심과 상상력을 자극한다. 전시물을 보며 퍼즐을 맞추거나 그림을 그리거나 관찰을 하고 게임을 풀면서 지루할 수 있는 전시물에 아이들이 흥미를 가질 수 있도록 친절하고 재미있게 구성해놓았다. V&A 에서 준비한 트레일은 작고 얇아서 질문에 대한 답을 찾아가는 과정이 크게 부담되지 않는다. 촘촘히 질문에 답변을 적거나 빈칸에 그림을 그려가며 완성한 트레일을 집으로 가져와 다시 펼쳐보고 읽어봐도 좋다.

"날씨가 좋아도 비가 펑펑 쏟아져도 소풍은 언제나 즐거운 일이죠! 자, V&A에 있는 남아시아, 중동, 중국, 일본관에 가보세요. 그곳에서 완벽한 소풍 계획을 세워보는 거예요. 여기에 보이는 원숭이가 멋진 소풍을 위해 필요한 물건을 찾는 데 도움을 줄 겁니다. 우선 파티에 몇 명이 올 건가요? 이 파티의 주인공인 당신의 이름을 여기에 써봐요! 그럼 이야기가 시작되는 남아시아부터 가볼까요?"

- '피크닉 파티' 트레일 중에서

박물관에서 들고 다니는 내 가방

　　V&A가 5세부터 12세 사이 어린이를 대상으로 고안한 '패밀리 백팩Family Backpack' 프로그램은 영국의 학습활동상을 수상한 우수한 프로그램이다. 배낭은 전시 주제와 관련된 재미난 이야기와 퍼즐, 시청각 자료 등 아이들이 좋아할 만한 것들로 가득 차 있는데 한 시간 동안 무료로 대여할 수 있다.

우선 아이의 연령에 맞춰 마음에 드는 주제의 가방을 선택한다. 만약 '고대 동물Acient Animal' 가방을 선택했다면 미션을 확인하자. '고대 동물을 여섯 개 찾아보세요.' 라는 미션이 주어지면 안내하는 동선을 참고하여 고대 동물을 찾아 나서면 된다. 고대 동물은 여왕이 누워 잠을 자던 침대 장식에 조각되어 있기도 하고 커다란 보석함의 문양이나 장식으로 새겨져 있어 찾는 재미가 쏠쏠하다.

어디선가 코끼리를 찾았다면 배낭 속 물건을 꺼내서 박물관 어디든 적당한 곳에 펼치면 된다. 퍼즐도 맞추고 장난감에서 나오는 코끼리 소리도 확인하다 보면 눈으로만 보는 관람보다 확실히 덜 지루하고 재미나다. 미션을 완수하기 위해 박물관을 돌아다니다 보면 전시관 곳곳에서 어린이들을 위해 준비된 다른 체험 전시물도 만날 수 있다. 손으로 직접 만지고, 미디어를 활용한 전시물을 이용해 직접 디자인도 해보고, 의상도 입어보다 보면 어느새 시간이 훌쩍 지나간다.

상상이 가득한 역으로 오세요

　　V&A를 돌아다니다 보면 '이매지네이션 스테이션Imagination Station'이란 풋말을 단 예쁜 부스를 발견하게 된다. 그 작은 부스 안에는 이벤트를 위한 각종 자료가 준비되어 있다. 이벤트는 V&A에서 열리고 있는 특별 전시의 목적과 주제에 맞춰 다양하게 진행된다. 무료로 제공되는 어린이용 가위, 연필, 색연필과 활동지 등 간단한 재료를 A4 크기의 지퍼 달린 비닐 파일 안에 넣어준다.

　　아이들은 파일을 들고 다니면서 전시물을 관람하다가 영감을 얻으면 장소를 가리지 않고 어디서든 재료를 꺼내 만들거나 그리면 된다. 만약 워크숍 참여까지 시간이 어중간하게 남았다면 이매지네이션 스테이션을 활용해보자. 자투리 시간을 보내기에 딱 좋다.

    '크리스마스와 새해 주간$_{Christmas\ \&\ New\ Year\ Family\ Art\ Fun}$'에는 빅토리아 시대의 크리스마스 장식물을 만드는데 필요한 재료와 활동지를 주었다. 활동지에는 자연에서 얻을 수 있는 재료를 이용해 크리스마스 장식

물을 만들었던 시대에 대한 설명과 더불어 감상하면 좋은 전시물을 안내해 놓았다. 완성한 장식물은 이매지네이션 스테이션 부스 옆 크리스마스트리에 걸어두거나 집으로 가져가면 된다. 단, 재료가 들어 있던 비닐 파일은 잊지 말고 꼭 반납해야 한다.

툭 하고 튀어나오는 공연

'팝업 퍼포먼스Pop-up Performance' 이름을 참 잘 지은 것 같다. 전시물을 관람하다 보면 우연히 작은 공연을 만날 수 있다. 공연은 전시물과 관련된 역사적 이야기나 지식을 알리고자 진행된다. 예상치 않았던 공연을 만난다는 것은 길을 걷다가 우연히 친한 친구를 만나는 것만큼 기쁜 일이다.

특별 전시 기간에는 알렉산더 맥퀸이나 크리스찬 디오르 같은 예술가의 이야기를 소재로 공연이 열렸다. 크리스마스 주간에는 어린아이들 틈에 섞여 '크리스마스 캐럴 부르기Christmas Sing Along' 공연을 신나게 관람한 적이 있다. 공연이 진행된 '렉쳐 시어터Lecture Theatre'는 특별 전시에 맞춰 영화, 공연, 강연을 하는 소규모 공연장이다. 이곳에 들어가면 V&A가 얼마나 큰 곳인지 실감할 수 있을 정도로 V&A는 예상치 못한 장소에 제법 크고 아름다운 공연장을 갖추고 있다.

인형이라니 믿을 수 없어!

조명이 어두워지고 영화가 시작되었다. 스크린 속 주인공들이 살아 있는 동물인지 인형인지 분간하기 힘들 정도로 털 한 가닥이 섬세하게 날리고, 정교하게 눈을 깜빡였다. 게다가 인형의 연기는 유머가 넘치고 천연덕스럽기까지 했다. 영화 속 주인공들이 입고 있는 옷이며 배경은 보통의 감각으로는 도저히 만들어낼 수 없는 수준이었다.

〈판타스틱 미스터 폭스〉가 영국의 인기 작가, 로알드 달의 원작이라는 것을 영화 시작 전부터 알았지만, 영화를 보는 내내 감독이 누구일지 너무나 궁금했다. 나중에 알고 보니 영화 〈그랜드 부다페스트 호텔〉의 감독 웨스 앤더슨의 영리한 솜씨라는 사실에 '역시'라는 감탄사를 내뱉었다. 웨스 앤더슨 감독의 고집스러운 아날로그적 감성과 빈티지 취향을 생각하니, 최첨단 컴퓨터 기술의 애니메이션이 아닌 '스톱 모션 애니메이션Stop Motion Animation'을 고집한 이유를 알 것 같았다.

스톱모션 애니메이션은 엄청난 노력과 노동력이 필요하다. 그 제작 과정을 동영상으로 봤다. 영화에 등장하는 모든 것들을 손으로 직접 미니어처로 만들고 장면 하나하나 세세한 움직임을 사진으로 담아냈다. 나는 죽었다 깨어나도 못 할 일이다. 아마 눈이 침침해서 눈물이 흐르고, 인내심 없는 성격 탓에 지난한 작업 시간을 견디지 못한 채 결국 온몸에 경련이 날 것이다.

얼핏 보면 이 영화의 이야기 구성은 단순하게 보인다. 하지만 영화는 아이들이 느껴보지 못했을 인생의 고단한 이면을 알아차리지 못할 만큼 유쾌하게 표현했다. 어른이라면 지금 자신의 삶과 닮아있는 이야기에 공감하며 아이들과는 또 다른 감성으로 영화를 즐기게 된다. 웨스 앤더슨 감독은 원작을 해치지 않는 한도 내에서 상상력을 더해 독창적이고 창조적인 영화를 완성했다. 아이들이 볼 영화라고 해서 자신의 목소리를 낮추지 않음으로써 자신이 추구하는 영화적 색깔을 버리지 않았다. 그러하기에 이 영화는 어린이만을 위한 단순한 애니메이션을 뛰어넘는다.

당시 V&A에서는 '만들기의 힘Power of Making' 특별 전시회가 열리고 있었고, 주제에 가장 적합한 영화인 〈판타스틱 미스터 폭스〉를 상영했다. 이것은 매우 탁월한 선택이었다고 생각한다. 뒤늦게 알게 된 사실이지만, 당시 V&A에서 미스터 폭스 인형을 전시했다고 한다. 실제 인형을 볼 수 있는 기회를 놓쳤다고 생각하면 지금도 한숨이 나온다.

내셔널 갤러리
The National Gallery

모든 박물관을 통틀어서 내가 처음 워크숍에 참여했던 곳은 바로 내셔널 갤러리다. 내셔널 갤러리에서 매주 일요일에 진행되는 '패밀리 선데이Family Sunday'를 포함하는 '패밀리 워크숍Family Workshop'은 2011년, 우리가 처음 참석한 이래로 지금까지 변함없이 진행되고 있다. 어느 박물관보다도 워크숍 내용이 체계적으로 구성되어 있어 많은 사람들이 참석한다.

패밀리 선데이는 '스튜디오 선데이Studio Sunday'와 '드로잉 선데이Drawing Sunday'가 매주 일요일 번갈아 진행된다. 두 워크숍 모두 강사와 참가자가 함께 미술관에 전시된 작품을 보고 이야기를 나눈다. 차이점은 스튜디오 선데이는 스튜디오로 돌아와 주제에 맞는 작업을 진행한다. 한편, 드로잉 선데이는 미술관 작품 앞에서 각자 편하게 바닥에 자리를 잡고 앉아 강사의 지도에 따라 그림을 그리거나 간단한 만들기를 한다. 미술 학원처럼 자세하게 그림 그리거나 만들기를 위한 기술을 알려주지는 않지만, 명화 앞에서 그림을 그리고 현지인과 함께 작업하는 과정은 상상하는 것보다 더 특별하다.

패밀리 워크숍에 참여하기 위해서는 건물 북쪽에 있는 '피고트 에듀케이션 센터Pigott Education Centre'로 가야 한다. 입구에 들어서면 인포메이션 데스크가 보인다. 워크숍 시작 전에 그곳에서 꼭 동그란 스티커를 받아 아이와 보호자가 하나씩 가슴에 붙여야 한다. 모든 패밀리 워크숍은 무료로 진행되지만 워크숍 참여 인원은 제한된다. 스티커는 입장 승인 표시이기도 하다. 스티커가 없으면 워크숍 중간에 합류할 수 없으니 유의해야 한다. 스티커를 가슴에 붙이고 대기하면 워크숍을 진행할 담당자가 아이들을 인솔하고 미술관으로 함께 이동한다.

피고트 에듀케이션 센터에 있는 두 개의 작업실은 스튜디오 선데이가 진행되는 곳이다. 깔끔한 실내장식과 넓은 공간에 마련된 커다란 작업대, 그리고 노란색, 초록색, 파란색 의자가 생기를 더하고 빛이 잘 들어오는 큰 창문까지 작업하기 좋은 환경이다. 주말과 방학 기간 그리고 하프텀(Half-term)이라 불리는 중간방학기간에는 런치 룸을 이용할 수 있다. 가공되지 않은 음식 재료는 영국이 싼 편이니 비싼 물가가 걱정된다면 간단하게 도시락을 싸 와서 이곳에서 먹는 것도 좋다. 또한 피고트 에듀케이션 센터는 붐비지 않는 화장실을 이용할 수 있는 귀한 장소이기도 하다. 영국에서 무료로 이용할 수 있는 깨끗한 화장실에 대한 정보는 유용한 것이니 기억해두길 바란다. 마지막으로 소개하고 싶은 곳은 무료로 이용 가능한 물품 보관소인데 알록달록 칠해진 벽 색깔이 경쾌하고 예뻐서 물품 보관소로만 쓰기에는 아까운 장소다. 그래서 나는 시간 여유가 있을 때에는 이곳으로 들어가 사진을 찍기도 했다. 관리자 한 명 없는 이곳에 많은 사람들이 가방이며 옷이며 아무렇지도 않게 그냥 두고 간다. 서로에 대한 믿음과 도덕성이 없다면 유지될 수 없는 공간이다.

말 그림일 뿐이잖아?

미술관에 가면 명작이 수도 없이 걸려 있다 보니 어떤 작품을 봐도 그냥 '응' 정도의 반응으로 넘어가는 경우가 있다. 어쩌면 이런 점이 명화가 끝도 없이 걸려 있는 미술관의 치명적인 약점일지도 모르겠다. 그래서 숨겨져 있는 명화를 놓쳐버리기 쉽다. 물론 여러 작품이 함께 전시되어 있어서 빛을 발하기도 하지만 말이다. 워크숍이 아니었으면 그냥 말 그림이었을 뿐인 〈휘슬재킷Whistlejaket〉을 두 번이나 워크숍으로 만났다. 워크숍에서 두 번이나 다룰 정도면 뭔가 남다른 점이 있다는 것일까?

'초보자를 위한 그림 수업Under Starter's Orders' 워크숍은 내셔널 갤러리에서 처음 참가한 워크숍이었다. 아무것도 모르고 동그란 스티커를 받아 가슴에 붙이고 있다가 피고트 에듀케이션 센터 앞에서 강사를 만나 참여하게 되었다. 워크숍 주제에 맞는 명화를 보기 위해서 우르르 함께 걸어가는 게 어색하고 민망했다. 게다가 어린 태영이를 단속시키며 손을 꼭 잡고 무리에서 이탈하지 않고 강사를 따라가는 길은 바빴다. 스쳐 지나가는 수많은 명화를 볼 사이도 없이 여러 개의 방을 계속 가로질렀다. 스티커를 미리 받았다는 이유로 특권을 누리는 양 명화 앞에 미리 세워둔 울타리 안으로 들어갔다. 각자 원하는 자리에 앉으니 워크숍이 시작되었다. 눈앞에는 윤이 나는 실물 크기의 말 그림이 걸려 있었다. 그렇게 처음 참여한 드로잉 선데이를 통해 조지 스터브스George Stubbs 〈휘슬재킷〉을 처음 만났다.

　실제 말 크기는 족히 되어 보이는 그림을 대하니 누가 언제 그린 그림인지 기본적인 정보가 궁금했지만, 강사는 그런 얘기는 뒤로했다. 강사는 아이들에게 "말이 뭘 하는 것 같은가요?", "말은 어떤 기분일 것 같나요?"와 같이 정답이 없는 질문을 던졌다. 아이들의 답변은 각양각색이었다. 이런 저런 이야기를 마치고 나자 강사는 연필을 이용해서 어떻게 종이 위에 살아 있는 동물을 그려 나갈 것인지 설명을 이어갔다. 동물의 윤곽을 잡고, 입체감을 표현하고, 그림자를 어떻게 그려야 생동감이 더해지는지 강사가 직접 미술 연필로 시범을 보여주었다. 그러고 나서 모든 참가자에게 미술 연필과 종이를 나눠주고 원작을 따라 그려보자고 했다. 나도 종이와 연필을 받고 〈휘슬재킷〉을 보며 설명을 들은 대로 말을 그려갔다. 역시 생각처럼 그려지지는 않았지만, 작품을 마주하고 보면 볼수록 번득이는 눈빛이며 윤기가 흐르는 털에서 말의 건강한 에너지가 느껴졌다. 강사는 아이들이 그린 그림에 대해서 칭찬을 아끼지 않았다. 그리고 각자 그린 그림을 원작 앞에 들고 서서 다 함께 감상할 기회를 주었다. 당당히 자신이 그린 그림을 들고 있는 아이들의 얼굴에서 자신감이 느껴졌다. 원작을 배경으로 아이들의 손에 들린 그림과 아이들의 표정이 함께 어우러져 또 다른 근사한 작품을 완성했다.

그 당시 여덟 살이었던 태영이의 마음에서는 어떤 감정이 피어올랐을까? 시간이 한참 흘러 태영이에게 직접 물어보니 그림을 그리며 엄마에게 지적당했던 게 기억이 난다고 한다. '아뿔싸, 내가 그랬었나?' 가만히 기억을 더듬어보니 말 전체를 같은 밝기로 색칠하고 있는 태영이에게 "이게 아니고, 이렇게 해야 해."라고 말했던 기억이 난다. 역시, 간섭은 아이의 소중한 기억마저 망쳐놓는다.

4년 후, 다시 스튜디오 선데이를 방문했다. 전과는 다르게 바로 미술관으로 이동하지 않고 미술관 밖 트라팔가르광장으로 나갔다. 어디로 가는 걸까? 궁금증도 잠시, 트라팔가르광장 북서쪽에 멈춰 서서 말의 골격을 형상화한 작품을 먼저 감상하고 미술관으로 이동했다. 그런데 강사가 이번에도 〈휘슬재킷〉 앞에 멈춰 섰다. 워크숍을 통해 다양한 작품을 만나보고 싶었는데 또 〈휘슬재킷〉이라니, 솔직히 좀 실망스러웠다.

잠시 후 강사는 참가자에게 질문을 던졌다. "사진기도 없던 1700년대에 작가가 어떻게 말의 움직임을 포착하여 마치 살아 있는 듯한 그림을 그렸을까요?" 갑작스런 질문에 골똘히 생각해보았다. '수도 없이 반복되는 관찰과 인내력 없이는 이런 그림을 그릴 수 없었겠구나!'라고 깨닫게 되자 많은 사람이 〈휘슬재킷〉을 보며 그토록 감탄한 이유를 알 것 같았다. 다시 강사는 질문을 던졌다. "〈휘슬재킷〉에는 배경 그림이 없는데, 그 이유를 아나요?" 무심코 넘어갔던 사실에 제동이 걸리고 다시 한번 그림을 자세히 보게 된다. 이것이 워크숍의 묘미다. 이유는 작가만이 알 테지만 강사는 〈휘슬재킷〉의 말이 어디에서 무엇을 하고 있을지 상상해보고, 미술관에 걸려 있는 수많은 작품에서 영감을 받아 배경을 스케치해보자고 했다. 스케치가 끝나고 스튜디오로 이동한 뒤에 스케치한 그림을 좀더 자세히 그려나갔다. 다 완성된 작품은 한자리에 놓고 함께 감상했다. 언덕 위에 있는 말, 울타리 안에 있는 말, 숲속에 있는 말 등 배경이 다양했다. 색깔 선택과 칠하는 방법도 각양각색이다.

이런 기회가 아니었다면 내셔널 갤러리에 수없이 방문했다고 해도 내게 〈휘슬재킷〉은 그저 커다란 말 그림이었을 것이다.

동상 받침대? 플린스?

트라팔가르광장 모퉁이에는 네 개의 동상이 있다. 그중 북서쪽에 있는 동상은 1~2년을 주기로 바뀐다. 원래는 윌리엄 4세 동상이 세워질 예정이었으나 예산 부족으로 150년 동안 동상 없이 '플린스Plinth'라 불리는 동상 받침대만이 그 자리를 지키고 있었다. 런던시청은 2005년부터 런던 문화 팀(the May of London's Culture's Team)주도하에 현대미술 작품을 선보이고 있다. 런던시청은 최근 더 나아가 카스 아트(CASS ART)라고 하는 예술의 대중화를 위해 저렴한 가격으로 미술용품을 판매하고 교육하는 곳과 제휴하여 '포스 플린스 스쿨 어워드Fourth Plinth School Award'(런던 트라팔가르광장에 있는 네 번째 좌대를 활용하는 공공미술 프로젝트인 현대 조각품으로부터 어린 학생들이 영감을 얻어 자신만의 예술작품을 만들고 이를 전시하도록 하는 프로젝트)를 매년 개최하고 있다. 학생들의 예술 활동을 장려하는 데 초점을 두고 런던시청에 매년 학생들의 작품을 전시한다. 어떤 작품을 네 번째 플린스에 전시하고 싶은지 학생들의 목소리를 경청하는 런던시청의 열린 자세에 박수를 보낸다.

누군가에겐 별일 아닐 수 있지만, 2010년부터 지금까지 꽤 긴 시간 동안 동상의 변화를 다섯 번 지켜봤다고 생각하니 왠지 뿌듯하다. 영국에서 주변 광경과 어울리지 않는 작품에 대해 언론에서 이질적이라거나 위화감을 조성한다는 비판과 질타가 쏟아지는 경우를 봤다. 영국이라는 나라 자체가 여러 계층과 인종 그리고 문화가 혼재하며 다양한 목소리와 이질적인 가치들이 부딪히는 사회라는 점에서 플린스 위에 올라가는 작품도 평범하지 않은 게 당연하다고 생각한다. 작품을 통해서라도 개인이 자유롭게 목소리를 내고 그 목소리 하나하나에 관심을 가지며 소통하는 것은 매우 중요하다.

2018년 네 번째 플린스에 올라간 작품을 2019년 런던에 방문했을 때 보게 되었다. 천천히 플린스 주변을 둘러 보며, 이번 작품을 통해 작가가 하고 싶었던 말은 무엇이었을지 상상해봤다.

그림을 통한 발상의 공유

〔더 마켓 카트The Market Cart 1786〕

〈더 마켓 카트〉는 1786년에 그려진 작품으로, 내 눈에는 유럽 수입 앤틱의자를 만드는 데 쓰였을 법한 천으로 보였다. 개인적으로 미술관을 방문했다면 그저 스쳐 지나갔을 작품이다. 내겐 전혀 흥미 없는 작품 앞에서 시작한 워크숍에서 강사는 아이들이 세세하게 작품을 감상할 수 있도록 유도했다. 아이들이 그림 속에서 펼쳐지는 상황을 상상해보고 스스로 이야기를 끌어낼 수 있도록 독려했다. 아이들의 생각과 더불어 강사의 설명을 들으니 흥미 없던 그림을 세심하게 감상하게 된다. 강사는 연필과 종이를 나누어 주고 작품을 스케치하게 했다. 재미난 것은 같은 작품을 보고 스케치하는 아이들의 그림이 제각각 다르다는 점이다. 어떤 아이는 나무만 크게 그리고, 어떤 아이는 사람을 크게 그리기도 했다.

　　스케치한 종이를 들고 스튜디오로 이동하니 작품 속에서 말이
끄는 수레 안에 있던 채소와 숲속에서 꺾어 온 듯한 나뭇가지들이 책상
위에 수북히 놓여 있고, 이끼와 돌에서 나는 흙냄새로 가득했다. 마치
작품에 그려진 숲속에 있는 듯한 느낌이 들었다. 강사는 스케치한 그림
을 참고하여 준비된 재료를 이용해 마음껏 자연의 풍광을 만들어보라
고 했다. 작품을 보며 미리 스케치도 했으니 작업은 쉬울 듯했지만, 머

리로 생각한 것을 결과물로 만들어내는 과정은 생각만큼 쉽지 않았다. 태영이와 함께 작업을 하면서 시행착오 끝에 과제를 마칠 수 있었다. 같은 테이블에서 작업한 중국계 어린이의 작품은 한 폭의 동양화를 연상시켰다.

〖**칼레의 부두**Calais Pier Joseph **1803**〗

　　영국인이 사랑하는 화가 조지프 말로드 윌리엄 터너의 〈칼레의 부두〉앞에서 워크숍이 진행됐다. 작품에는 거친 폭풍을 만난 배들이 바다 위에서 방향을 잃고 허우적거리고 있다. 강사는 작품 속 이야기에 집중했다. "어떠한 일이 벌어지고 있는 걸까?", "바다 한가운데 배 위에서 폭풍을 만난 사람들은 살아남았을까?" 이야깃거리가 넘쳐났다. 아이들은 너도나도 손을 들고 발표하기에 바빴다. 이야기를 마무리하고 스튜디오로 이동했다. 강사는 아이들에게 이제 배를 타고 항해를 떠나야 하니 짐을 싸야 하는데, 딱 다섯 가지 물건만 가지고 갈 수 있으니 무엇을 가지고 갈지 고민해 보자고 했다. 미술관에서 나누었던 이야기를 다시 떠올리며 폭풍을 만날지도 모르는 항해에 가져갈 물건을 아주 신중히 결정했다. 그리고 그 다섯 가지 물건을 종이에 그려 색칠하고 가위로 잘랐다. 강사가 나눠 준 도안을 조심스레 잘라 풀로 붙이니 해적선 깊숙한 곳에 소중히 보관되었을 법한 보물상자가 완성됐다.

보물상자 속에 다섯 가지 물건을 조심스럽게 넣었다. 아이들은 마치 지금 당장 항해를 나서도 이 상자 하나만 있으면 어떤 위험에도 끄떡없을 것이라는 자신감을 드러냈다. 아이들의 눈이 반짝였다.

　"어느 시대에 살던 사람일 것 같나요?", "무엇을 하는 사람일까
요?", "입고 있는 옷은 귀한 옷일까요?"

〖무아테시에 부인Madame Moitessier 1856〗

　작품을 보는 내내 강사의 질문이 쏟아졌다. 그리고 그림 속 여인
은 매우 부유한 여인이라고 설명했다. 그 시대에 아무나 입기 힘든 드레
스를 입은 여인은 자신의 초상화를 화가에게 의뢰하고는 작품이 완성되
는 동안 열두 명의 아이를 출산했다는 이야기를 덧붙였다. 내 눈에는 여
인이 아름다워 보이지 않았지만, 섬세하게 표현된 화려한 드레스가 눈

길을 끌었다. 여러 이야기를 나눈 뒤에 나눠주는 종이와 연필을 받아 작품을 스케치했다.

　미술관에서 그린 그림을 손에 쥐고 다 함께 스튜디오로 이동했다. 스튜디오 안에는 레이스 종이, 기름종이, 티슈페이퍼부터 두꺼운 종이까지 다양한 질감의 흰색 종이가 준비되어 있었다. 강사는 준비된 재료들을 가지고 좀 전에 감상한 그림에서 영감을 받아 드레스를 표현해보자고 했다. 먼저 커다란 흰색 종이 위에 작품을 참고하여 새로운 여인의 얼굴을 그렸다. 그리고 다양한 질감의 흰색 종이를 마음껏 사용해서 드레스를 만들어갔다. 서서히 그림에 입체감이 더해졌다. 얼마나 재미있던지 시간 가는 줄 모르고 작업에 몰입했다. 어릴 적에 종이 인형 놀이도 좋아하고 인형을 쓰다듬으며 옷 갈아입히기를 즐겨서 그런지 내 취향에 딱 맞는 작업이었다. 지금 생각해보니 태영이의 의견을 무시하고 내 멋대로 만든 부분도 참 많았다. 내가 참 난폭했다고 느낀다. 부모라고 내 마음대로 하는 일종의 폭력을 사용했음에 미안한 마음이 들고 반성을 하게 된다.

　강사는 데스 메탈 밴드의 기타리스트를 연상케 하는 탓에 첫인상은 좀 무서워 보였으나 매우 친절했다. 워크숍이 다 끝나자 미술관에서 들고 온 듯한 화려한 금색 액자 프레임을 아이들이 완성한 작품 하나하나에 대주며 '명작'이라고 칭찬해주는 센스를 발휘한다. 태영이도 자신이 완성한, 아니 엄마가 신나서 함께 만든 작품을 들고 지도해준 강사와 기념사진을 찍었다. 지금 봐도 강사의 머리 스타일은 예술가답다.

마침 내셔널 갤러리에서는 액자와 틀을 주제로 한 특별전시 '프레임Frames'을 하고 있었다. 전시실 안의 진청색 벽은 액자들을 더욱 아름답고 돋보이게 했다. 진청색이 뿜어내는 고풍스러운 미와 화려한 금색 액자의 조화에 잠시 넋을 잃고 말았다. 그림 없이 액자가 주인공인 전시는 이번이 처음이었다. 예상을 뛰어 넘는, 상상 이상의 아름다움을 몇

평 안 되는 전시실의 별것 아닌 것 같은 전시에서 느낄 수 있었다.

〔유스타시우스 성인의 환상The Vision of Saint Eustace 1438-42〕

아이들 방학 기간이라서 그런지 참가자가 정말 많았다. 워크숍을 위해 마련된 공간이 부족하여 서로 부딪혀 가면서 겨우 그림을 그릴 수 있을 정도였다. 그래도 어느 한 명 불평을 안 한다.

그 워크숍에서 지금껏 해보지 않은 새로운 것을 배웠다. 미술관에서 작품을 보며 동물을 스케치하고, 그것을 스튜디오로 가져가 각자 그림 밑에 폼보드를 깐다. 뾰족한 연필을 이용하여 그림을 따라 종이에 구멍을 뚫으면 폼보드에 그림이 그대로 따라 그려진다. 좀 더 선명하게 연필을 이용하여 그려주면 폼보드에 홈이 파이면서 인쇄판이 된다. 딱딱한 나무판에 물감을 짜고 섞어 원하는 색을 만들고 롤러를 이용해 골고루 인쇄판에 바른다. 마지막으로 흰색 종이를 인쇄판 위에 올리고 물감이 잘 묻도록 문지른다. 잠시 후 조심히 종이를 떼면 멋진 판화 그림이 완성된다. 각자 만든 판화를 큰 테이블에 올려 다 함께 감상했다. 아이들이 완성한 각양각색의 작은 판화 그림이 여러 개 모이니 또 하나의 커다란 모자이크 작품이 만들어졌다.

영국에서 미술관을 다니다 보면 미술관에 마련된 접이식 의자를 그림 앞에 놓거나 바닥에 앉아서 그림 그리기에 몰두하는 사람을 흔히 볼 수 있다. 왜 그들이 굳이 미술관에 와서 그림을 그리는지 이제는 알 거 같다. 내셔널 갤러리에서 진행하는 패밀리 워크숍에 참여해 명화 바로 앞에서 그림을 스케치하며 그림에 집중하는 경험을 했다. 무엇보다 워크숍을 진행하는 강사가 그리거나 만드는 것에 대해 망설이지 않고 스스로 표현할 수 있도록 재능을 끌어내주고 격려해주는 점이 좋았다.

그렇게 완성된 작품을 다 함께 감상하는 시간은 더 특별했다. 같은 그림을 보고 같은 주제로 작품을 만들어내지만 개인의 경험, 취향, 지식이 녹아 있는 결과물은 항상 제각각이다. 워크숍 참여는 나와 다르게 표현하고, 내가 쓰지 않는 색을 쓰고, 생각지도 못한 상상력으로 완성된 다른 친구의 작품을 함께 감상하며 발상을 공유할 수 있는 소중한 경험이었다.

각자의 작품을 존중하듯 내 작품도 존중받는 시간 속에서 아이들은 으쓱해지고, 그 시간으로 얻어진 자부심과 행복한 기억은 또다시 워크숍에 참여하고 싶어지게 만든다. 그리고 미술관에 가고 싶다는 의지로 이어진다. 우리가 그러했던 것처럼.

마법 양탄자를 타고
우쿨렐레 소리를 듣고

태영이가 여덟 살부터 영국에서 살기 시작했기 때문에 두 살부터 다섯 살 아이들을 대상으로 하는 '매직 카펫 스토리텔링Magic Carpet Story Telling'은 한 번도 참여해보지 못했다. 대신 피고트 에듀케이션 센터에서 워크숍을 기다리고 있을 때 스토리텔링이 시작되는 모습을 몇 번 볼 수 있었다. 저 멀리 낯선 땅에서 날아온 것 같은 돌돌 말린 카펫을 진행자가 정성스럽게 깔고 우쿨렐레를 연주하면 어린아이들이 옹기종이 모여 앉아 우쿨렐레 소리에 맞춰 노래하는 모습이 평화로웠다. 워크숍 대신 매직 카펫 스토리텔링에 참가해보고 싶을 정도로 아름다운 노랫소리가 우리를 유혹했다.

별것 아닌 것 같아 보이는 프로그램이지만 매직 카펫 스토리텔링은 내셔널 갤러리의 대표적인 교육 프로그램으로 어린이에게 인기가 많다. 이 프로그램을 기획하기 위해 얼마나 많은 회의와 시행착오가 있었을까 생각해본다. 아주 어린 나이부터 미술관을 친숙하게 드나들도록 만드는 프로그램이 있었기에 성인이 되어서도 미술관을 편하게 오갈 수 있는 것이다.

런던 이층 버스 #139

런던에서 이동 수단으로는 이층 버스가 최고다. 이층 버스 맨 앞자리는 조망이 훌륭하니 노선 좋은 버스는 런던 관광버스 못지않다. 게다가 요금도 다른 대중교통에 비해 저렴하다. 워털루역에서 내서 널갤러리로 갈 때면 139번 버스를 탔다. 15분이면 도착할 수 있고, 그 짧은 시간 동안 창밖으로 펼쳐지는 런던의 광경은 그야말로 장관이다.

워털루브리지 남단에 있는 사우스뱅크 센터와 런던아이를 찾았다 싶으면 금세 일렁이는 템스강과 함께 북단의 아름다움이 한눈에 들어온다. 왼쪽을 보면 빅벤이, 오른쪽을 보면 세인트 폴 대성당이 펼쳐지면서 어떤 명소에 눈을 둬야 할지 망설이는 사이에 버스는 다리를 건너 런던의 심장부 중에서도 심장부인 서북부 쪽으로 들어선다. 가끔 버스가 가로수를 스쳐 그 소리에 깜짝 놀라기도 하고, 앞차와 충돌할 것만 같아 긴장되기도 하지만 이층 버스는 유유히 잘도 달려간다. 출근 시간에는 수많은 자전거가 도로 위에서 자동차와 뒤섞여 위태롭게 달려가는 이색적인 모습도 볼 수 있다. 139번 버스의 노선은 트라팔가르광장을 지나 잘 알려진 피카딜리 서커스와 옥스퍼드 스트리트로 이어진다. 중간에 내리지 않는다면 애비 로드 스튜디오Abby Road Studio바로 앞까지 갈 수 있다.

버스 이층에서 내려올 때 중심을 잃으면 다칠 위험이 있으니 목적지에 도착하기 전에 미리 일층으로 내려와 내릴 준비를 하는 게 좋다. 직업정신이 투철한 버스 운전사는 정류장이 아닌 곳에서는 승객을 절대로 태우거나 내려주지 않는다. 버스 요금도 미리미리 준비하는 게 좋다. 차비를 내지 않는다면 버스는 절대로 출발하지 않는다. 아무리 승객이 많아도 예외는 없다. 신기한 것은 버스 운전사의 행동에 아무도 불평하지 않고 기다린다는 점이다. 장애인이나 거동이 불편한 노인이 탑승할 때에도 버스는 그들이 완전히 탑승할 때까지 출발하지 않고 기다린다. 조금은 불편하더라도 서로 배려해주는 모습은 인상적이다. 이층 버스에서 경험할 수 있는 것들은 이렇게나 많다.

Artists and Sitters
Britain 1960 – present

내셔널 포트레이트 갤러리
The National Portrait Gallery

어느 날 태영이가 다니는 학교에서 내셔널 포트레이트 갤러리 National Portrait Gallery로 스쿨트립을 간다는 안내지를 받았다. 당시 'Portrait'라는 단어의 뜻을 몰라서 사전을 찾아보고 그 뜻을 알게 되었다. '초상화가 전시된 미술관이라니, 정말 재미없겠군.' 내 마음대로 단정 지어 버렸다. 그것은 아주 잘못된 선입견이며 무식한 발상이었다.

영국 생활에 조금 익숙해질 무렵 내셔널 갤러리 바로 옆에 붙어 있는 내셔널 포트레이트 갤러리가 뒤늦게 눈에 들어왔다. 오랜 시간이 켜켜이 쌓여 있는 건물 안은 현대적 감각이 더해져 아주 깔끔했다. 넓고 높은 커다란 하얀 공간 저 멀리 가슴을 뛰게 하는 그림이 보였다. 폴 매카트니의 초상화였다. 사진 촬영이 허락된 이 그림 앞에서 몇 장의 사진을 찍었는지 모른다.

미술관에 걸려 있는 그림 한 점이 인터넷에서 수도 없이 볼 수 있는 사진과 도대체 무슨 차이가 있는지 아직 정확히 모르겠다. 명화에서 뿜어져 나오는 아우라는 말로 설명이 안 된다. 폴 매카트니의 초상화를 만나고 나서 내셔널 포트레이트 갤러리를 사랑하게 됐다고 해도 과언이 아니다.

　　초상화의 매력은 내가 알고 있는 인물을 만나는 기쁨이다. 내가 아는 인물이 누군가의 손으로 어떻게 표현되었나 보는 재미는 쏠쏠하다. 시대의 변화에 따라 인물을 표현하는 방법이 달라지고 벽에 걸리는 주인공이 달라진다. 현재 주목하는 인물은 누군지 어떤 식으로 표현되었는지 주의 깊게 보는 것도 흥미롭다. 전시는 Floor 2에 전시된 1400년대 튜더 왕조부터 시작하는데 연도와 직업별로 영국 역사에 영향을 끼쳤던 주요 인물의 초상화와 사진, 동영상까지 볼 수 있다.

    영국은 과거를 무척이나 소중하게 여긴다. 하지만 결코 과거에만 머무르지 않는다는 것을 내셔널 포트레이트에 걸려 있는 수많은 초상화가 말해준다. 역사적인 인물부터 지금 동시대에 사는 이름 모를 누군가의 초상화까지 함께 벽에 걸려 전시되고 있으니 말이다. 게다가 단순히 초상화를 보여주는 것에 그치지 않는다. 초상화를 통해 과거부터 축적된 지적 콘텐츠를 젊은 세대에게 물려주고 있으며 이를 바탕으로 새로운 콘텐츠가 생산되고 있다. 과거와 현재를 넘나드는 공간에서 그들은 과거의 화려했던 제국주의 시절을 그리워하며 절치부심하고 있을

까? 아니면 앞으로의 미래에 대해 진지하게 고민하고 있을까?

아이들을 대상으로 하는 '패밀리 아트 워크숍Family Art Workshop'은 친근함이 핵심이다. 나와 상관없는 과거 인물은 아이들에게는 더더욱 지루할 뿐이다. 내셔널 포트레이트 갤러리에서는 워크숍을 통해 알리고 보전하고 싶은 역사적 사실과 인물이 남긴 업적을 쉽고 재미나게 전달하고 있다. 그와 같은 끊임없는 노력이 있기에 그들의 역사는 현재 진행형이다.

찰스 디킨스처럼 작가가 되어보자

 찰스 디킨스(Charles Dickens)는 우리가 잘 알고 있는 《크리스마스 캐럴》과 《올리버 트위스트》의 작가다. 그는 1812년에 영국에서 태어났는데 2012년에 탄생 200주년을 맞아 이곳저곳에서 축하 행사가 열렸다. 그날의 워크숍 역시 디킨스 초상화 앞에서 시작되었다. 강사는 초상화를 보며 디킨스에 관한 이야기를 아이들에게 들려주었고 설명을 다 끝내고는 어떤 종류의 이야기라도 좋으니 자신만의 이야기를 창작해보자고 했다.

 우선 미술관에 있는 수많은 초상화를 참고하여 원하는 등장인물을 그려보라고 지도했다. 어려울 만도 한데 아이들은 망설임 없이 주인공을 그려나간다. 그림을 다 그리고 나서 모두 함께 스튜디오로 이동했다. 스튜디오에서는 색종이를 잘라 겹겹이 접고 구멍을 뚫은 후 끈으로 묶어 작은 공책을 만든다. 미술관에서 그린 등장인물을 잘라서 공책에

붙이고 이야기를 적어 넣는다. 마지막으로 맨 앞장에는 책의 제목과 작가 이름을 적는다. 그 결과, 《티오와 전쟁》 정태영 글 그림책이 완성되었다.

내셔널 포트레이트 갤러리, 찰스 디킨스 초상화 앞에는 지금 이 순간에도 작가를 꿈꾸며 창작의 고통 혹은 탈고의 기쁨으로 눈물을 흘릴 누군가가 있을 것만 같다. 지금 이 글을 쓰고 있는 나도 그런 마음으로 속삭여본다. '찰스 디킨스, 저에게도 용기를 주세요. 도와주세요!'

이야기로 듣는 그림 속 인물 이야기

　　스토리텔링으로 진행된 수업은 초상화 속 인물의 업적에 초점을 맞추어 이야기를 들려주고 오래 기억할 수 있도록 간단한 만들기나 그리기를 이어간다. 솔직히 말해서 나는 역사에 관하여 무지하다. 어릴 적 학교에서 역사 수업을 들으면 그렇게 지루할 수가 없었다. 특히 지명이나 인명, 연도 따위를 기억하는 것은 너무 힘들었다. 역사를 몰라도 큰 불편 없이 살 수 있으리라는 생각은 참 어리석은 생각이었다. 살 수는 있지만 역사를 아는 것과 모르는 것은 하늘과 땅 차이라는 걸 성인이 되고서야 알았다. 내셔널 포트레이트에는 여러 분야에서 영국 사회에 영향을 끼쳤던 인물의 초상화가 두루 전시되어 있다 보니 문화 예술 쪽을 제외하고는 모르는 사람이 더 많다. 특히 법률가나 정치인, 과학자의 초상화가 있는 전시실에서는 아는 이가 전무하다.

보라색 스타킹을 신고 청록색 원피스를 입은 강사가 나 혼자였다면 절대 안 갈 법한 전시실로 아이들을 인솔하고는 조심스레 초상화 앞에 카펫을 깔았다. 영국인들은 카펫을 참 좋아한다. 메리 포핀스가 들고 다닐 것 같은 커다란 가방 안에서 다양한 모양의 유리병과 호리병 모양의 물 주전자, 엘리자베스 1세 그림과 화려한 보라색 의상을 꺼내 카펫 위에 올려놓았다.

알고 보니 모든 물건은 초상화 속 주인공인 화학자 윌리엄 퍼킨 (Sir William Henry Perkin)을 소개하고 이해시키기 위한 소품이다. 퍼킨은 실험을 통해 보라색 인공 염료를 우연히 얻게 되었다고 한다. 그래서 성직자나 귀족들의 전용물이었던 보라색 원단이 일반 사람들에게도 보급되게 되었단다. 아무 생각 없이 입었던 보라색 직물에 이런 역사적 사실이 있다고 하니 낯설었다. 이야기가 끝나고 그 자리에서 만들기를 시작했다. 강사는 뚜껑이 열리는 정육면체 상자를 나눠주고 보라색 종이와 준비된 재료를 이용해 그림 속 윌리엄 퍼킨을 표현해보자고 했다. 그를 상징하거나 표현할 수 있는 물건을 만들어 상자 안에 넣고 만들기를 완성했다.

잊힐 수도 있는 역사적 인물에 대해 다음 세대를 상대로 교육하는 모습이 조금은 낯설면서 새로웠다. 우리가 지금 당연시하는 사소한 것들이 누군가의 피나는 노력으로 만들어지거나 발견됐다는 사실은 세대가 변해도 기억해야 할 것이다.

다르지만 같은 우리의 모습

내셔널 포트레이트 갤러리에서 열리는 'BP 포트레이트 어워드BP Portrait Award'는 2019년 10월 40주년을 맞이한 초상화 그리기 대회다. 대회 기간 중 30년을 영국의 최대 석유회사인 BP가 후원했다. 그간 100개국 이상의 나라에서 4만여 개의 그림이 응모될 만큼 권위 있는 대회로 자리 잡았다.

그림 실력은 부족할지 모르지만 용감한 도전과 시도가 돋보이는 일반인과 신인작가의 작품을 만날 수 있다. 외모, 성별, 나이 등 외적인 다양성이 담긴 작품 속에는 개개인의 주관적인 정서와 감정이 세세하게 그려져 있다. 어떤 작품은 너무 사실적이고 추함이 느껴져서 고개를 돌리게 된다. 어떤 작품은 그림 속 인물에 감정이 이입되어 깊이 빠져들게 된다. 우리의 삶이 늘 아름답지만은 않고, 슬프고 기쁘고 분노하며 때로는 외로운 것처럼 초상화 속 인물의 삶도 그럴 것 같아 더 들여다보게 된다. 누군가의 초상화를 보면서 과연 사람의 인생이 거기서 거기인지, 아니면 나와는 너무나 다른 삶을 사는 사람들이 있을지 생각하게 한다. 어떤 작품은 친근함이 느껴져서 또 어떤 작품은 이질적이어서 등 작품을 보게 되는 이유도 제각각이다.

그래서일까? 이곳은 어떤 전시실보다 사람들이 북적인다. 관람하는 사람들은 자유롭게 행동하지만 그림 앞에서는 진지하다. 친구처럼 보이는 두 여학생은 작품을 감상하며 기술적인 면에 관해서 이야기를 나누고, 노신사는 할머니에게 작품에 대한 정보를 또박또박 읽어준다. 한 남성은 안내책자에 있는 작품에 대한 정보를 읽으며 벽에 걸린 작품을 신중히 감상한다.

생각해보면 런던에서 미술관을 다닐 때 가장 인상 깊었던 점은 관람객들의 태도였다. 말없이 혼자서 작품을 보는 사람, 작품을 앞에 두고 그림을 그리는 사람, 여럿이 함께 감상하며 조용히 얘기를 나누는 사람, 학교에서 단체로 온 친구들끼리 과제를 해결하기 위해 옹기종기 머리를 맞대고 뭔가 열심히 적는 모습까지. 작품 앞에서 사진 찍기에 바빴던 나로서는 그런 사람들의 모습이 낯설기만 했다. 그러나 지금은 태영이와 함께 가장 마음에 드는 작품에 투표도 하고, 패밀리 트레일도 함께 해보면서 나름대로 관람의 자세를 습득하고 있다.

　　편견 없이 다양한 사고를 할 수 있는 사람이 미래를 살아가는 데 가장 필요한 인간상이 아닐까 생각한다. 그런 면에서 다양한 인종이 다양한 사고를 바탕으로 그려낸 그림을 접할 수 있는 '포트레이트 어워드' 관람은 편견 없는 시선과 생각을 기르는 데 도움이 될 것이다.

서머싯 하우스
Somerset House

  1547년 에드워드 6세 시대 서머싯Somerset공작이 자신의 궁을 짓기 위해 만들기 시작한 서머싯 하우스는 오래된 역사만큼 여러 가지 용도로 사용되었으며, 지금도 과거 모습 그대로 위풍당당하게 건재하고 있다. 이 많은 방이 무슨 용도로 지어졌을지 과거의 용도는 알 길 없지만 현재 이곳은 거대하고 복잡한 건물의 구조만큼이나 수많은 일이 벌어지는 곳이다.

  우선 입구로 들어서면 건물로 둘러싸인 광장이 보인다. 600여 평이 넘는 확 트인 안뜰 이름은 에드먼드 제이 사프라 파운틴 코드The Edmond J. Safra Fountain Court다. 커다란 공간은 건물 하나를 두고 자동차와 사람들로 가득 찬 런던 심장부의 시간을 둘로 갈라놓는다. 시간을 거스르는 드넓은 광장에서는 계절마다 다른 이벤트를 선보이며 누구에게나 열린 문화 공간을 선물한다.

     여름이 다가오면 이곳은 시원한 물줄기를 뿜어내는 분수 광장
으로 변신한다. 아이와 함께 워크숍에 참여하기 위해 방문했을 때는 늦
여름이었지만 분수가 가동되고 있었다. 이른 시간이라 사람이 없었기
에 오백 개가 넘는 물줄기를 우리 둘이서 오롯이 즐길 수 있었다. 햇빛
을 통과한 물줄기는 보석보다 더 반짝였고, 청량한 파란 하늘과 저택의
아름다움이 더해져 마치 꿈을 꾸는 것 같았다. 워크숍에 가지 않고 그냥
물줄기 속에서 사진이나 찍으며 시간을 보내고 싶을 정도로 아름다운

공간을 마음껏 만끽했다.

　　가을의 문턱에 들어서면 분수의 물줄기는 멈추고, 광장은 야외영화 상영장 '필름4 섬머 스크린Film4 Summer Screen at Somerset House'으로 탈바꿈한다. Film 4는 영화를 상영하는 TV 채널로, 영국은 물론 전 세계에서 제작되는 영화를 후원한다. 홈페이지 속 공지사항을 보면 '무슨 일이 있어도Whatever' 라는 단어가 눈에 띈다. 2주간 진행되는 영화 상영 기간 동안 비가 오든지 날씨가 좋든지 상관없이 영화를 계속 상영한다고 공지되어 있다. 폭우가 쏟아지지 않는 한 비에 질퍽하게 젖은 샌드위치를 먹으며 고집스럽게 영화를 감상하는 영국인들이 머릿속에 떠오르며 헛웃음이 나온다. 영국 사람들은 갑자기 쏟아지는 비에 대해서 포기했다고 해야 하나, 아니면 수용했다고 해야 하나. 비 오는 날 우산을 쓴 내가 머쓱해질 때가 있을 정도로 어지간해서는 우산을 쓰지 않는다. 우산도 없이 비를 맞으며 영화를 감상하는 영국 사람들을 상상하는 것은 이제 어려운 일도 아니다. 어찌 됐건 상영 중인 영화를 보기 위해서는 사전에 표를 구매해야 한다. 영화제 특성상 아주 어린아이들을 위한 영화는 상영하고 있지 않으니 참고하자.

　　겨울의 서머싯 하우스는 안뜰 광장에 스케이트장을 만들고 런던에서 가장 로맨틱한 장소로 변신한다. 티파니, 코치, 포트넘 앤 메이슨 같은 유명 브랜드의 후원을 받아 11월 말부터 다음 해 1월까지 운영한다. 겨울에는 런던 명소 곳곳에 실외 스케이트장을 개장하지만 이곳은 매년 사람들이 가장 가보고 싶은 스케이트장으로 선정된다. 서머싯 하우스에서는 영화에서 보던 비현실적이고 환상적인 크리스마스의 풍경이 그대로 연출된다. 실제로 영화 〈러브 액츄얼리〉에 잠깐이지만 서머싯 하우스 스케이트장이 등장한다. 플라스틱이 아니라 진짜 전나무

로 만든 커다란 트리에서 반짝이는 장식과 DJ가 선별한 음악으로 가득한 공간에서 따뜻한 코코아, 커피, 칵테일과 간단한 음식까지 먹을 수 있다. 또한, 웨스트 윙에는 크리스마스용품을 파는 아케이드도 생긴다. 이곳에서는 크리스마스 분위기를 흠뻑 느끼며 쇼핑을 즐길 수 있다. 매번 가면서 느끼는 것이지만 이보다 더 완벽한 크리스마스를 즐길 수 있는 곳이 있을까 싶다. 가끔 눈이 아니라 비가 내려서 아이스링크가 질퍽해질 때는 예외지만 말이다. 겨울비가 올 때 가본 적이 있다. 질퍽한 빙판 위에서 스케이트를 타는 사람들이 보였다. 그들은 스케이트 날이 자꾸 걸리는 상황에서도 애써 감정을 억누르며 미소 짓고 있는 듯 보였다. 얼마나 속상했을까? 벼르고 벼르던 날이었을 텐데.

건물 밖에서 계절별로 다채로운 행사가 진행된다면 건물 안은 어떨까? 템스 강변에 있는 사우스 윙에는 현대미술 작품을 전시하는 갤러리가 있고, 노스 윙에는 인상파와 후기인상파 그림을 전시하는 작지만 아름다운 코톨드 갤러리Courtauld Gallery가 있다. 이스트 윙에는 공립종합대학 킹스 컬리지 런던King's College London의 '이니고 룸Inigo Room'이 있다. 이곳은 대학에서 벌어지는 문화 활동을 소개하고 대중과 소통하는 공간으로 사용된다.

이것이 전부가 아니다. 서머싯 하우스는 일반 대중을 위한 장소이기도 하지만 예술가의 창작 활동을 지원해준다. 100명 이상의 예술가들이 일할 수 있는 '서머싯 하우스 스튜디오Somerset House Studio'를 운영한다. 창작 활동을 할 수 있는 공간을 제공해 줄 뿐 아니라 예술가와 제작자 간의 교류와 협업 공간으로도 사용된다. 일반 대중에게도 이곳을 공개하여 예술가들과 소통할 수 있도록 각종 이벤트를 진행하고 있다. 대중은 서머싯 하우스 스튜디오를 통해 잘 알려지지 않은 현대미술 작가들의 창작과정을 직접 볼 수 있고, 예술가들은 작품에 대한 대중의 반응을 바로 느낄 수 있으니 생각을 공유하고 이해하는 좋은 기회가 될 것이다.

으스스한 그림자놀이

아이와 단둘이 다닐 때는 강박적으로 손을 더욱 꼭 잡고 다녔다. 영국에서 단둘이 지내면서 작은 손으로 내 손을 꼭 잡을 때마다 나를 의지하는 아이의 마음이 전해져 큰 책임감을 느꼈기 때문이다. 한 손은 늘 아이의 손을 잡고 있으니 무거운 사진기를 한 손으로 들고 사진 찍는 일이 쉽지 않았다. 그래도 사진 찍기를 좋아하는 나는 작정하고 무거운 DSLR 사진기를 목에 걸고 나갈 때가 많았다. 이날도 그런 날 중에 하루였다. 초점이 잘못 맞춰지고 흔들려서 건질만한 사진은 몇 장 안 되어도, 핸드폰과 DSLR 사진기를 번갈아가며 연신 셔터를 눌러댔다.

　지금껏 워크숍 참여를 위해 갔던 곳은 미술관이나 박물관이었으
니, 서머싯 공작의 집안은 어떤 모습일지 궁금해하며 조심스럽게 입구
로 들어섰다. 서머싯 하우스는 너무나 컸고 눈앞에 펼쳐지는 장면은 비
현실적으로 아름다웠다. 매우 시퍼런 하늘과 코끝에 느껴지는 쌀쌀한
공기, 햇빛을 머금은 땅에서 솟아오르는 물줄기까지 안뜰의 모습은 우
리의 발목을 잡았다.

　사우스 윙에 들어서서 접견실로 보이는 커다란 홀을 지나 지하에
마련된 작업실로 가기 위해 복도를 따라 걸었다. 그리고 나선형 계단을

천천히 내려갔다. 옛날에는 지하가 어떤 용도로 쓰였을까? 누가 주로 사용했을까? 왠지 모르게 벽돌 하나하나, 계단 하나하나가 머금고 있는 오래된 이야기가 궁금했다. 아마 지하는 하인들이 생활하고 일하던 공간이었을 게다. 고단한 그들의 일상이 눈에 그려졌다. '부유한 자들의 낙원은 가난한 자들의 지옥으로 지은 것이다.'라는 빅토르 위고의 다소 극단적이지만 통렬한 비판이 떠오르며 발걸음조차 조심스러웠다. 누군가에게는 고달팠을 공간이 지금은 대중을 위한 문화 공간으로 이용되고 있으니 격세지감을 느낀다.

작업실은 근사했다. 그러고 보니 내가 평생 살았던 집이나 오래 머물렀던 공간은 대부분 정육면체 또는 직육면체였다. 평평한 지붕에 익숙해진 나에게 둥근 아치형 천장은 언제나 매력적으로 다가온다. 오래되어 보이는 벽돌과 대조적으로 하얀색으로 깔끔하게 새로 만들어진 벽면은 신구의 적절한 조합으로 멋진 콜라보를 이루고 있었다. 작업실에 마련된 원색 의자는 작업실에 생기를 불어 넣어줬다.

내가 사는 동네 작은 서점에서 열린 강연 '아빠 건축가들의 놀이터 짓기'에서 지정우 교수는 이런 말을 했다. "빛과 바람, 천장의 높낮이, 바닥의 기울기, 흙, 돌, 나무, 콘크리트, 벽돌 같은 다양한 소재를 경험하면서 그 예민한 감각을 기억하는 것, 그 기억이 겹겹이 쌓여 풍부한 감성을 갖도록 도와준다." 이 말대로 서머싯 하우스뿐 만이 아니라 런던 박물관에서 열리는 워크숍의 매력은 다양한 소재와 형태를 가진 작업장에서 진행된다는 것이다. 서머싯 하우스 워크숍은 오래된 건물 내부에 마련된 멋진 작업실에서 진행된다는 것만으로도 할 일을 다 했다고 생각한다.

그날 진행된 '스푸키 새도Spooky Shadows 워크숍'은 핼러윈을 맞아 무시무시한 핼러윈 주인공들을 그림자 인형으로 만드는 시간이었다. 먼저 강사가 친절히 하나하나 설명해주었다. 준비된 검은색 종이에 원하는 형태를 그리고 가위로 자른다. 빛이 통과할 부분은 뚫어서 색깔 셀로판지를 붙이고, 생동감 있는 이야기의 주인공들을 만들기 위해 움직일

부분을 절단하고 구멍을 뚫어 할핀으로 고정해준다. 그리고 손으로 움직일 수 있도록 나무막대기를 붙이면 종이 인형이 완성된다. 작업실 옆 어두운 방에 마련된 오버헤드 프로젝터에 인형을 올리면 하얀 스크린 위에서 살아 움직이듯 이야기를 만들어간다.

유령의 집 주위에는 눈을 커다랗게 뜨고 울어대는 부엉이와 박쥐들이 가득하고, 눈이 빨간 검은 고양이는 불안한 듯 빠른 속도로 뛰어다닌다. 고약한 마녀는 빗자루를 타고 큰 소리로 웃으며 어디론가 저 멀리 사라져간다. 인형 놀이를 끝내고 우리는 직접 만든 인형을 조심스럽게 집까지 가지고 왔다. 아마도 다시없을 그때의 소중한 기억을 아이가 오래도록 기억해주기를 바랐나 보다. 그 종이 인형을 한국까지 가지고 왔으니 말이다.

코톨드 갤러리
The Courtauld Gallery

조용한 공간에 나즈막히 울리는 나의 발걸음 소리를 들으며 그림 한 점 한 점을 따라갔다. 에드가 드가(Edgar De Gas)와 르누아르(Renoir)에 이어 다음 방에 들어서려고 했을 때 궁색한 표현일지 모르지만, 순간 가슴이 쿵 내려앉았다. 방 안 저편에 보이는 그림의 강렬함이 내 발걸음을 막았기 때문이다. 그림은 우아한 전시실 공간과 어우러져 아름다움을 더했다. 숨을 고르고 천천히 그림 앞으로 다가갔다. 마네(Manrt)의 〈폴리 베르제르의 술집〉과 〈풀밭 위의 점심 식사〉가 나란히 걸려 있었다. '아…… 말로만 듣던 마네구나.' 라고 읊조리며 오랫동안 그림 앞에 멈춰 있었다. 어찌 이리 아름다울 수 있을까? 나의 반응이 그저 친숙함에서 오는 의미 없는 무조건적 반응이었는지도 모르지만, 그저 아름다웠다. 그림을 방해 없이 오래 독차지할 수 있다는 사실에 큰 만족감을 느끼며 그림을 보고 또 보았다. 원작과 인쇄물은 이렇게 다르구나 새삼 느끼며 한참 시간을 보냈다.

얼마 후 태영이와 코톨드 갤러리를 다시 찾았다. 태영이는 쇠라 (Seurat)의 〈쿠르부르아의 다리〉에 관심을 보였다. 그도 그럴 것이 쇠라 의 그림과 태영이는 특별한 인연이 있다. 어릴 적 다니던 미술학원에서 자기가 그린 그림의 배경으로 쇠라의 〈쿠르부르아의 다리〉를 그렸었다. 선생님이 보여준 수많은 명화 중에 좋다고 직접 고른 그림이었으니 기 억을 못 할 리가 없다. 진품이 뿜어내는 아우라에 마음이 묵직해져 있는 데 자신이 그린 그림이 진품이고 쇠라의 그림이 가짜라고 우기는 아이 의 주장에 잠시 웃으며 쉴 수 있었다.

인상파 그림을 그저 창의력이 부족한 단순한 그림이라고 치부했 던 나의 생각은 코톨드 갤러리 방문을 계기로 달라졌다. 인상파 화가가 활동하던 당대의 사람들은 사실과 똑같은 풍경화나 과거의 인물을 영웅 적으로 표현한 그림을 원했다고 한다. 그러나 막강한 권세를 가지고 있 던 프랑스 미술 아카데미의 요구조차 인상파 화가들은 거부했다. 그들 의 용기와 도전이 없었다면 우리는 지금까지 사진처럼 똑같이 그리는 그림만이 훌륭한 그림이라고 생각했을지도 모른다.

남들이 아무리 좋다고 해서 나도 따라 좋을 순 없고, 또한 내가 좋은 것을 남에게 강요할 수도 없는 일이다. 하지만 코톨드 갤러리에서 인상파 그림을 보기 전, 어쩌면 나도 남들이 인상파 그림이 좋다고 하니 덩달아 옹호했던 건 아닐까 싶다. 한국에서 열렸던 모네(Monet) 전시회에 갔을 때 〈수련〉 그림을 보고 그때도 분명 아름답다고 느꼈다. 하지만 그림을 감상하면서 정작 머릿속으로는 학교에서 배웠던 인상파 그림에 대한 설명을 함께 떠올렸다. '인상주의 화가들은 자연을 하나의 색채 현상

으로 보고 빛과 함께…… 어쩌고 저쩌고' 그림을 눈앞에 두고 내가 아는 지식에 인위적으로 끼워 맞추고 있었다. 미술 감상은 지식이 아니기에 진심으로 그림을 대할 때 그림 속 이야기에 관심이 가고 그림과 소통을 할 수 있게 된다는 사실을 코톨드 갤러리 그림 앞에서 경험했다.

세계적인 미술 연구소

코톨드 갤러리는 코톨드 인스티튜트 오브 아트The Courtauld Institute of Art의 일부이다. 미술사와 미술품 보관 연구에 관해서는 세계적으로 손꼽히는 미술연구소다. 우선 읽기도 어려운 '코톨드'는 사람 이름이다. 사무엘 코톨드Samuel Courtauld(1876-1947)는 영국의 섬유산업으로 부를 축적한 재력가다. 사무엘 코톨드와 함께 몇몇 미술 애호가들이 소유하고 있던 컬렉션 기부를 시작으로 1932년에 코톨드 갤러리가 설립되었다. 그리고 1989년 지금의 서머싯 하우스로 이전하였다.

코톨드 미술학교를 알게 된 것은 영국 국영방송사 BBC 1에서 즐겨보던 방송 〈페이크 오어 포춘Fake or Fortune〉을 통해서다. 일반인부터 유명인까지 개인이 소장하고 있는 미술작품의 진위를 판단하기 위해 그림과 관련된 증거와 실마리를 검증해가는 프로그램이다. 지성이 넘치는 두 명의 진행자는 그림의 진품 여부를 알아내기 위해 먼 여정을 떠난다.

과학적 증명을 위해서는 코톨드 예술연구소에 의뢰한다. 그곳에서 연구하는 박사들은 적외선 카메라, 특수 현미경, 특수 고화질 카메라, 엑스레이 등 현대적 과학기술을 총동원한다. 그림에 쓰인 물감 원료를 화학적으로 분석하기도 하고 캔버스를 짜는데 사용되는 실의 밀도를 측정하기도 한다. 프로그램을 통해 많은 사람들이 오래된 미술 작품들이 건재할 수 있도록 끊임없이 연구하고 노력한다는 사실을 알게 되었다. 코톨드 예술연구소는 그 역할의 중심에 있다.

나는야 런더너?

　　서머싯 하우스를 지나다가 고흐(Gogh)의 〈자화상〉 그림이 코톨드 갤러리에 전시되어 있다는 사실을 현수막을 통해 알게 되었다. 그후, 가볼까 말까 고민이 시작되었지만 생각해보니 고흐 그림은 이미 내셔널 갤러리에 있는 〈해바라기〉를 비롯해 네 개의 작품을 감상한 경험이 있었다. 게다가 런던에 있는 대부분의 박물관은 무료 관람이 가능한데 코톨드 갤러리는 입장료를 내야 한다는 사실이 방문을 망설이게 했다. 프랑스 파리에 있는 퐁피두 센터를 방문했을 때에도 입장료를 내야 한다는 사실을 알고서 방문을 망설인 적이 있다. 이미 나는 무료입장을 통해 다양한 문화생활을 영위하던 잠시 동안 런더너였다.

　나에게는 끝이 있었다. 곧 한국에 돌아가야 한다는 사실은 마음
을 초조하게 만들었다. 지금까지 하지 못 한 일, 미뤘던 일, 해보고 싶었
던 일을 모두 다 하고 돌아가겠다는 욕심으로 점점 마음의 여유를 잃어
버리고 있었다. 슈퍼에 가면 한국에 다 가지고 갈 수 있을까 걱정이 될
만큼 많은 식료품을 사서 비닐봉지에 담고 또 담았다. 양손에 든 비닐
봉지는 찢어질 듯 위태로웠고, 손가락은 끊어질 것 같은 고통을 느꼈다.
내 마음도 꽉 찬 비닐봉지처럼 불안정했다. 그러던 중 어느 날 코톨드
갤러리를 찾았다. 지금까지 안 가본 미술관에 입장료를 내고 들어갔다.
큰 기대 없이 방문한 코톨드 갤러리는 런던이 나에게 준 마지막 선물과

도 같다. 불안하고 당장 터질 것 같은 내 마음을 토닥토닥 달래주었다. 물론 코톨드 갤러리를 나가야 할 때가 되자 아쉬움과 애달픈 마음은 더욱더 깊어졌다. 언젠가 다시 만나자는 인사를 코톨드 갤러리에 건넸다. 그리고 또 다시 미술관 샵으로 간 나는 '뭐 더 사갈 거 없나?' 매의 눈으로 샵 구석구석을 뒤지고 있었다.

GALLERIES
TERRACE SHOP
BAR

테이트 모던
Tate Modern

테이트 모던은 홈페이지의 소개란에서 '우리의 임무는 대중의 즐거움을 증대시키고 16세기부터 현대에 이르기까지의 영국 및 세계의 미술을 이해시키는 것이다.' 라고 밝히고 있다. 이처럼 현대미술을 대중에게 알리고, 작품을 통해 사회적 이슈와 생각할 거리를 대중에게 제시하고 공유하려는 의지가 강하다.

테이트 모던이 추구하는 우선적인 목표는 현대미술은 어렵다는 선입견에서 벗어나 현대미술을 자유롭게 활용하고 느끼도록 유도하는 것이 아닐까 추측해본다. 그들은 대중이 자유롭게 현대미술 작품과 만나고 충분히 느낀 다음에 작품이 담고 있는 의도를 스스로 찾아볼 수 있도록 전시를 기획한다. 그리고 워크숍이나 이벤트를 진행하기보다는 자유로운 관람에 비중을 둔다. 얼핏 보기에는 공공 미술관의 역할, 교육 활동을 등한시하는 듯 보이지만 저변에는 그런 깊은 뜻이 깔려 있다고 생각한다.

한참을 고생해서 작품을 탄생시킨 작가에게는 미안한 말이지만, 창작 의도야 어찌 되었든 현대미술이야말로 관람하는 사람 마음대로 상상하며 즐기면 된다. 시시하면 시시한 대로, 웃음이 나오면 웃음이 나오는 대로 보면 그만이다. 물론, 현대미술 관람은 때때로 난해하고 불편하다. 너무 적나라한 표현은 심리적으로 거부감이 생기기도 한다. 하지만 생각해보면 눈에 보이는 현실 이면에 진짜 심각한 문제들이 도사리고 있다는 사실을 부정하기 어렵다. 현대미술 작가들은 그렇게 보이지 않는 무서운 세상과 불편한 진실에 대해 표현할 뿐이다. 또한 인간 내면에 아름답지만은 않은 추하고 어두운 부분을 작품으로 표출한다.

간혹 아이와 함께 감상하기에는 어렵거나 충격을 주는 작품도 있지만, 너무 놀라지 않았으면 좋겠다. 아이들의 생각은 어른과 다를 수 있고 다르게 소화할 수 있다. 무엇이든 얼마든지 상상하고 창작할 수 있는 공간이라면 조금 자유롭게 아이를 내버려둬도 좋다. 현대미술이야말로 상상의 샘을 자극하는 원천이 아니겠는가? 예술은 예술일 뿐이다. 그 충격이 오히려 심미적 자극으로 이어져 새로운 창작의 시작점이 되어줄 것이다.

테이트 모던은 워크숍 활동이 활성화되어 있지 않고, 특히 강사의 지도하에 진행되는 워크숍을 기대할 순 없지만 홈페이지에 다양한 교육 자료가 준비되어 있다. 이 자료는 미술관 관람 전후로 궁금한 점을 공부할 수 있도록 구성되어 있다.

미술관이 워낙 크다 보니 미리 동선을 확인하거나 관람할 그림을 정해두고 방문하면 큰 도움이 된다. '패밀리 맵Family Map'은 대중들에게 알려진 놓치지 말아야 할 그림을 열 점 이하로 소개하고 있다. 어린 자녀

에게도 도움이 되지만 현대미술 초보자에게도 도움이 된다. 소개된 그림을 찾아가다가 중간에 더 마음에 드는 그림을 보거나 이벤트를 만나게 되면 자유로이 계획했던 경로에서 이탈하면 된다. 현대미술은 전시된 형태도 다양하다. 한 전시관에 하나의 조형물만 전시되어 있거나 아주 어둡고 커다란 방 안에서 영상만 보여주기도 한다. 현대미술 전시장만큼 다양하고 새로운 색상, 모양, 재질을 보며 상상력에 활력을 불어 넣는 장소가 있을까? 시행착오를 겪다 보면 각자에게 맞는 현대미술 감상법을 터득하게 될테니 주저하지 말고 방문해보자.

상상 발전소

    2000년대 초반, 그때까지만 해도 미술관과 낡은 공장의 조합은 매우 낯설었다. 오래된 것에 문화라는 옷을 입혀 미술관으로 재탄생하게 한 영국인의 발상과 상상력이 놀랍기도 했지만 너무 부러웠다. 특히 탁월하게도 테이트 재단은 과거에 커다란 발전기를 돌리던 터빈 구조물이 있던 공간을 빈 곳으로 내버려두는 과감한 선택을 했다. 건물에 들어서면 높이 35미터, 길이 155미터, 너비 23미터의 거대한 공간과 만나게 된다. 누구도 예상치 못한 극적인 공간은 자신을 감싸고 있던 모든 굴레에서 벗어난 듯한 자유를 느끼게 해준다. 행동의 제약이 크지 않은 '터빈홀Turbine Hall'에서 마음껏 달리고 비탈진 바닥에서 굴러보기도 하며 뻥 뚫린 공간을 자유롭게 만끽할 수 있다.

    실제로 테이트 모던에 들어서자마자 함께 있었던 두 조카와 태영이는 말릴 틈도 없이 환호하며 무작정 달리기 시작했다. 비탈진 바닥은 살살 뛰어도 가속이 붙어 마음만 먹으면 155미터 끝까지도 뛰어갈 수 있다. 테이트 모던은 관람객들이 자유로운 공간에서 마음껏 쉬고 즐기도록 내버려둔다. 터빈 홀에서 누리는 자유야말로 미술 작품을 보는 것 이상으로 감성을 충만하게 해준다. 그 자유롭고 편안함에 끌려 까딱하다가는 시간을 이곳에서 다 써버릴지도 모른다. 물론, 또 방문할 여유가 있다면 상관없지만 전시실에서 관람객과 소통을 바라는 많은 현대미술 작품이 기다리고 있다는 것을 잊지 말자.

테이트에 있는
러닝센터

　　Level 1에 있는 클로어 러닝 센터Clore Learning Centre는 내셔널 갤러리나 V&A에 있는 러닝 센터와는 달리 워크숍이 진행되지 않는다. 대신 클로어 러닝 센터에서는 아이들의 미술관 관람을 도와주는 다양한 도구와 자료를 준비하고 대여해준다. 그중에는 눈으로 미술 작품을 감상하고 귀로 사운드 아티스트가 만든 작품을 감상하는 소닉 트레일 익스플로러 오디오 가이드Sonic Trail Explore the gallery with your ears가 있다.

　　이것은 단순한 음악을 넘어 자연의 소리, 정체를 알 수 없는 잡음, 아이들의 읊조림 소리를 통해 상상력을 자극한다. 사운드 아티스트 작품은 테이트 모던을 방문하지 못해도 테이트 - 테이트 모던, 테이트 브리튼, 테이트 리버풀을 통틀어 테이트라 부른다 - 홈페이지에 들어가 감상할 수 있다. 방문했던 사람은 작품을 들으며 기억을 떠올리게 되고, 방문하지 못한 사람은 작품을 들으며 테이트의 모습을 상상하게 한다.

 이렇듯 테이트 모던은 누구의 설명이 아니라 주어진 도구와 자료
를 통해서 자유롭게 생각하고 표현하며 작품을 즐길 수 있도록 유도한
다. 자주는 아니지만, 전시 주제와 맞는 소소한 워크숍도 진행되고 있으
니 방문 전에 홈페이지에서 확인하자.

내가 그린 그림

나탈리 벨 빌딩 레벨 1 Natalie Bell Building Level 1 벽면은 시시각각 변하는 각양각색의 디지털 그림으로 가득하다. 이 그림들은 테이트 모던 방문객들이 드로잉 바 Drawing Bar에 마련된 디지털 스케치 패드에 그린 것들이다. 모니터에 그림을 그리고 전송하면 커다란 벽면에 바로 투사된다. 여러 사람들의 그림이 조화를 이루며 훌륭한 합작품이 탄생한다. 어른 아이 할 것 없이 모두에게 인기 있는 곳이기에 관람객이 많은 날은 자리 잡기도 힘들다.

테이트의 끊임없는 변화와 시도

　최근 테이트 모던은 큰 혁신을 단행했다. 12년간의 준비 끝에 피라미드형 외관의 10층 건물, 블라바트닉 빌딩Blavatnik Building을 짓고 전시실을 확대했다. 새 건물에 대한 정보를 찾다가 '신관 전시실의 절반 이상이 여성 예술가와 국제 예술가를 위한 것이다.' 라는 기사를 읽었다. 지금까지 미술의 영역마저 남자 예술가들의 전유물이었던가 싶다. 그렇다면 이런 테이트의 변화는 누군가에게 반기를 들게 하고 거부감을 느끼게 할 텐데…. 잠시 많은 질문과 우려가 동시에 교차했다. 하지만 애써 우려는 접기로 했다. 이곳은 문화와 예술을 알리고 보존하는 테이트 재단이 아니던가. 문화와 예술이야말로 시대착오적인 사회적 가치와 전통을 파괴하고 미래로 나아갈 수 있는 희망의 불씨가 되어 주지 않을까? 사회적 변화를 선도하는 테이트 재단은 이제 20세기 미술사에서 배제되었던 여성과 비서구 예술가들의 예술성을 알리고 그들의 활동을 장려

하려 한다. 이런 의도를 담은 그들의 시도가 장애물 없이 수월하게 진행될 거라 믿고 싶다.

블라바트닉 건물을 보기도 전에 보일러 하우스_{Boiler House}의 군더더기 없는 외관에 혹시라도 해가 되지 않을까 걱정이 앞섰다. 세인트 폴 대성당과 테이트 모던을 잇는 밀레니엄 브리지 중간에 서서 고개를 180도 돌리기만 하면 과거에서 현대로 넘나드는 완벽한 삼위일체의 모습을 볼 수 있었다. 그 사이에 뭔가가 끼어든다면 그림을 망칠 것만 같았다. 2016년 완공되고 2년이 지나서, 나는 떨리는 마음으로 세인트 폴 대성당을 지나 밀레니엄 브리지로 걸어갔다. 다리에 들어서자 찬바람이 강하게 불고 태양이 사라진 하늘은 회색빛으로 변해갔다. 몸에 힘을 주지 않으면 템스강으로 떨어질 것 같았던 순간, 옷을 여미고 시선을 멀리 보냈다. 그러자 반가운 테이트 모던과 낯선 새 건물이 눈에 함께 들어왔다. 첫인상은 어색했다. 새 건물은 얼굴에 난 뾰루지처럼 눈에 거슬렸다.

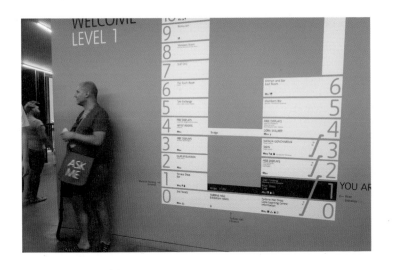

마음의 준비 없이 새 건물로 무작정 들어갔다. 할 말을 잃었다. 터빈 홀에서 이어지는 '더 탱크 프리 디스플레이스The Tanks Free Displays' 갤러리는 침묵의 장소로써 오로지 작품으로 고요하면서도 강렬하게 관람객을 향한 메시지를 전달하고 있었다. 차가운 노출 콘크리트 외벽이 작품에 더 집중하게 해주었다. 이곳저곳 새 건물을 탐험하고 싶어서 10층으로 엘리베이터를 타고 올라갔다. 그곳에는 간단히 커피와 차를 마실 수 있는 세련된 카페와 런던을 360도 둘러볼 수 있는 전망대가 있었다. 보일러 하우스 전망대는 강 건너 세인트 폴 대성당 남쪽 전경을 포함해 최고의 전망을 선사했지만 정작 자신의 모습은 보이지 않았었다. 반면 블

라바트닉 전망대는 그동안 볼 수 없었던 보일러 하우스의 뒷모습을 조망하게 한다. 새로운 눈높이에서 보일러 하우스를 바라볼 수 있는 전망대가 생겼다. 남다른 통찰력을 지닌 예술가에 의해 보일러 하우스는 또 다른 예술작품으로 탄생할지도 모를 일이다.

내려오는 길은 계단을 이용했다. 층마다 뭐가 있는지 구경하며 천천히 내려가고 싶었다. 그러다가 사무실에서 일하고 있는 사람들을 보게 되었다. 저들이 테이트 모던에서 추구하는 '탐험, 경험, 향유Explore, Experience, Enjoy'에 맞추어 행동하는 사람들일까 궁금했다.

세계 3대 현대미술관으로 꼽히는 퐁피두 센터, 뉴욕 현대미술관, 테이트 모던 중에서 여성 관장이 거쳐간 곳은 퐁피두 센터가 유일했다. 그런데 드디어 테이트 모던에서도 블라바트닉 건물 완공과 함께 첫 여성 관장이 취임했다는 소식을 들었다. 어딘가에 첫 여성 관장 프랜시스 모리스Frances Morris가 앉아 있을 거라 생각하니 가슴속에서 끓어오르는 열정을 감출 길이 없었다.

밖은 어두워지고 기차를 타고 집으로 가야 했다. 짧은 일정 탓에 블라바트닉은 수박 겉핥기식으로 훑어볼 수밖에 없었다. 하지만 새로운 여성 관장이 이끄는 테이트 모던의 변화의 시작을 조금이나마 느껴볼 수 있었으니 그것만으로도 충분하다. 그들의 변화에 격려와 응원을 보낸다.

테이트 브리튼
Tate Britain

테이트 브리튼이야말로 그림을 보러 자주 들렀던 미술관이다. 집에서 가기도 편했지만, 적당한 규모와 작품 수로 편안한 관람이 가능해서 워크숍이 많지 않아도 아이와 함께 자주 방문했다. 특히 내가 좋아하는 데이비드 호크니David Hockney의 〈비거 스프래쉬〉와 라파엘 이전의 화파인 라파엘전파Pre-Raphaelite Brotherhood의 그림을 실컷 볼 수 있었다.

핌리코역에 내리면 쉽게 테이트 브리튼으로 갈 수 있다. 역에서 나와 보면 다른 번화가에 비해 특별한 것이 없어 실망할지도 모른다. 그러나 존 아이슬립 스트리트로 걸어 올라가며 마주하는 붉은 벽돌의 건물들은 매우 매력적이다. 이삼 백 년은 넘었을 건물들이 아직도 매우 견고해 보인다. 물론 건물 내부, 층간 사이로 쥐들이 뛰어다니고 보수공사를 목 빠지게 기다리는 입주자들이 볼멘소리 하겠지만 말이다.

첼시 예술대학교Chelsea College of Arts University 안으로 들어가 교정을 가로질러 걸어가면 테이트 브리튼이 나온다. 테이트 브리튼에 가는 길 첼시 예술대학교를 곁눈질하며 구경하는 재미도 쏠쏠하다. 교정에 들어서자마자 보이는 첼시 카페에서 차나 커피를 마셔도 좋다. 일반인 출입을 제한하지 않으니 용기만 있다면 구내식당에서 학식을 먹거나 구내 문구점에 들러 필요한 미술용품을 구매할 수도 있다. 운이 좋으면 학생들의 기발한 행위 예술도 볼 수 있다.

특별전시와 특별행사

　　아무리 유명한 그림이 전시되어 있더라도 찾는 이가 없다면 무슨 소용이 있을까? 어떻게 해야 미술관이 변화하는 세상 속에서 대중과 계속 소통할 수 있을까?

　　미술관은 더 이상 미술 감상만 하는 곳이 아니다. 창조적 영감을 주는 곳이 되기 위해 시대와 발맞추어 변화하고 있다. 화가와 음악가가 만나 함께 작품을 만들고 조각가나 건축가가 IT와 영상, 음향 등의 시청각 기술을 활용하여 새 문화를 탄생시킨다. 미술관에서 여는 음악 콘서트는 새로운 감흥을 선사한다. 음악에 관심이 없던 사람들도 호기심과 새로운 자극으로 인해 30분 이상을 서서 감상하게 만든다. 이렇듯 미술관은 다른 분야와 융합을 통해 새로운 작품을 만들고 있다. 특히 소통과 참여를 유도하기 위해 일반인이 참여할 수 있는 전시를 기획한다. 이런 전시는 대중에게 점점 주목받고 인기를 얻고 있다.

관심을 갖고 살펴본다면, 전시와 행사 말고도 여러 분야가 어우러져 소소하고도 새로운 문화를 선보이는 사례들을 찾을 수 있다. 미술관에서 새로운 문화를 느껴보기를 바란다.

색다른 금요일

　매주 금요일 저녁 6시에서 9시 사이에 내셔널 포트레이트 갤러리는 폐관을 늦추고 변신을 한다. '프라이데이 레이츠Friday Lates'라는 이름을 내걸고 인포메이션 데스크가 있던 자리에 간단한 술과 음료를 즐길 수 있는 바를 마련한다. 박물관에는 DJ가 들려주는 음악이 흐른다. 역사학자나 작가가 작품과 관련한 이야기를 들려준다. 심도 있는 토론부터 짤막한 이야기까지 함께 어울려 나눌 수 있다. 북적이는 미술관이 싫다면 이날만큼은 좋아하는 작품 앞에서 오롯이 몰두하고 그림을 그릴 수도 있다.

　대중을 끌어들이고 그들과 소통하고 가까워지려는 미술관의 노력이 느껴진다. 주로 평일 낮에 근무하거나 일이 있는 사람들에게 이보다 좋은 기회가 있을까 싶다. 색다르고 특별한 여가생활을 원하는 사람들이라면 저녁 시간에 들러보면 좋을 것이다. 이곳을 사랑하는 나이기에 또 다른 모습의 내셔널 포트레이트 갤러리를 꼭 느껴보고 싶다. 토론이나 대화프로그램은 참석하기 어렵겠지만 그리기를 하거나 음악과 함께 좋아하는 그림을 감상하는 시간은 좀 더 특별할 것 같다.

내셔널 포트레이트 갤러리 바로 옆 내셔널 갤러리에서도 무료로 음악 콘서트를 감상할 수 있으니 기회를 놓치지 말자. 시간은 계절에 따라 조금씩 변한다. '내셔널 갤러리 뮤직National Gallery Music'은 주로 점심시간인 오후 1시에서 2시 사이나 저녁 6시에서 8시 사이에 열린다. 전시장에 걸린 명화 앞에서 진행되며 명화와 관련이 있거나 명화에서 영감을 받은 곡을 연주한다. 전시실에서의 음악 콘서트는 새로운 감흥을 선사할 것이다.

여름 전시회

'섬머 엑시비션Summer Exhibition'이 열리는 로열 아카데미 오브 아츠 Royal Academy of Arts: RA는 미술에 조예가 깊지 않은 한국인에게는 대중적으로 알려지지 않은 곳이다. 공공 미술관(내셔널 갤러리, 테이트 모던 등)이 대중을 상대하는 것과는 달리 이곳은 현재까지도 보수적인 미적 취향과 엘리트 중심의 멤버십을 유지하고 있다. 개인적으로 조금은 실망스럽고 거리감이 느껴지기도 했다. 하지만 다른 공공 미술관에 비해 미약하기는 해도 이곳에서도 대중을 상대로 한 다양한 이벤트와 워크숍을 진행하고 있으니 참여해서 그들의 보수적인 미적 취향이 무엇인지 알아볼 필요가 있지 않을까 싶다.

1976년부터 현재까지 한 해도 거르지 않았다는 섬머 엑시비션은 전문 예술가부터 취미로 그림을 그리는 일반인까지 참여할 수 있는 공모전으로 RA의 주요 행사다. 심사를 거친 약 1200점 정도의 그림, 판화,

사진, 필름 등을 전시한다. 입장권을 구매하면 함께 주는 작은 책자에는 작품의 제목과 함께 고유 번호와 가격이 적혀있다. 작품은 적게는 몇십만 원부터 크게는 억을 넘는 금액까지 다양하며 누구든지 구매할 수 있다. 사고 싶은 작품이 있다면 담당자에게 구매 요청을 해야 한다. 구매 요청이 들어온 작품에는 동그란 모양의 빨간색 스티커를 작품 고유 번호 옆에 붙여서 표시한다. 작품에 붙어 있는 스티커 개수로 대중에게 인기 있는 그림을 가늠해보기도 하고 자신의 취향과 비교하면서 구경하는 재미가 기대 이상이다. 과연 스티커가 많이 붙은 작품은 어떤 과정을 거쳐 주인을 찾아갈지 궁금해진다. 판매 금액의 30%는 RA School에서 공부하는 차세대 예술인 교육자금으로 지원하거나 RA에서 진행되는 비영리 활동을 위해 쓰이고, 나머지는 작가에게 지급된다.

섬머 엑시비션은 BBC 1에서 방송한 다큐멘터리를 보고 알게 되

었다. 방송에서는 2015년 섬머 엑시비션의 총감독이었던 마이클 클레이그 마틴Michael Craig-Martin의 지도하에 진행된 전시 준비 과정을 공개하였다. 전시 작품을 선별하는 것부터 전시회장 벽 색깔을 고르는 것까지 어느 하나 쉽지 않았다. 전시장으로 올라가는 돌계단 위는 현대 미술작가 짐 램비Jim Lamnie가 수작업으로 얇은 컬러 테이프를 공들여 붙이고 많은 사람이 분주히 준비하는 모습은 너무나 인상적이었다. 방송을 보고 나서 섬머 엑시비션에 직접 가보니 방송에서 보았던 장면과 실제 전시장 모습이 하나하나 겹쳐지면서 전시를 준비하는 과정이 눈앞에 선명히 그려졌다. 총감독이 누구냐에 따라 독특한 개성을 선보이는 섬머 엑시비션이기에 올해는 어떤 모습을 선보일지 설레는 마음으로 기다리게 된다.

아이들은 섬머 엑시비션에서 준비한 트레일 '아트 디텍티브 가이드 포 영 비지터Art Detectives-A guide for young visitors'를 활용한다면 더욱 쉽고 재미있게 작품을 즐길 수 있다. 트레일에는 다양한 질문이 있다. '작품에 있는 남자의 얼굴에서 보이는 색은 몇 가지인가요?', '작품에 있는 런던 빌딩들은 서로 전쟁을 하는 것처럼 보이나요? 그렇게 보인다면 그 이유를 말해보세요.', '작가는 작품 속 사람들을 통해 무엇을 말하고 싶었던 걸까요?' 등 작품을 보며 쉽게 답을 찾을 수 있는 단순한 질문부터 생각이 필요한 질문까지 다양하다. 그와 더불어 그림을 그릴 수 있는 여백까지 알차게 구성되어 있다.

아 유 존 테일러?

내가 처음 영국에 간다고 했을 때 몇몇 친구는 "박지성 보러 영국으로 가는 거야?"라고 말했을 정도로 나는 박지성의 열혈 팬이다. 아쉽게도 런던 근교에 살아 맨체스터와는 거리가 너무 멀었다. 집에 있는 고물TV는 공중파 몇 개 채널만 겨우 나와 프리미어리그도 볼 수 없었다. 2012년 드디어 마음먹고 맨체스터로 향했다. 당시 어떤 민박집에서 그를 만나고 싶어 하는 한국 손님들을 맨체스터 유나이티드 연습장 입구까지 차로 데려다주고 그의 사인까지 받을 수 있게 도와주었다. 일종의 패키지 관광 상품인 셈이다. 미리 민박집 주인아주머니와 통화하고 일정을 예약했다. 하지만 하필 예약한 그날은 맨체스터 유나이티드가 네덜란드로 원정 경기를 하러 떠난 직후였다. 연습장 인터폰으로 재차 확인한 결과, 딱딱한 영국 북부 사투리로 같은 말만 돌아왔다. 그 자리에 주저앉아 울고 싶었지만 겨우 참았다. 그 후 몇 차례 다른 시도에도 그의 사인은 받을 수 없었다.

그렇게 만나려고 애를 쓴 사람은 어떤 노력을 해도 만날 수 없었
는데 전혀 기대 못 했던 존 테일러를 로열 아카데미 오브 아츠 안뜰에서
우연히 만났다.

많은 사람 속에 멀리서도 그의 후광을 느낄 수 있었다. 훤칠한 키에 계절에 딱 맞는 옷차림. 내 머릿속은 젊은 날의 존 테일러를 기억하고 있었기에 100퍼센트 확신할 수는 없었지만, 그에게 다가갔다. 태영이는 나를 말렸다. "엄마, 아니면 어떻게 하려고 해?" 나는 "괜찮아." 라고 짧고 단호하게 말하고 조심스럽게 다가갔다. "아 유 존 테일러?" 그 신사의 답은 "예스 아이 엠."이었다. 그리고 먼저 나에게 손을 내밀며 악수를 청했다. 심장이 쿵 하고 내려앉았다. 그는 친절하게도 사인을 두 장이나 해주고 사진도 함께 찍어준 신사 중의 신사였다. 하하하! 너무나 행복했다. 하늘은 푸르다 못해 시퍼렇고 지금 일어나고 있는 이 모든 일과 눈앞에 펼쳐진 런던의 풍경은 비현실적으로 느껴졌다. 런던 시내 한복판에서 그를 만나게 될 줄 누가 알았겠는가?

박물관 속 비경 (Place)

　　책임감과 의무로 가득한 일상에 치여 몸과 마음이 지쳐갈 때 '여행이나 다녀올까?'라는 생각이 스쳐 지나간다. 그럴 때면 한적한 바다나 넓고 푸르른 잔디에 누워 있는 나를 상상해보곤 한다. 그러나 박물관을 벗어난다고 생각하면 오산이다. 때와 시간만 잘 맞춘다면 푸르른 바다만큼은 아니더라도, 드넓은 잔디밭은 아닐지라도, 분주하고 소란스러운 런던 박물관 어딘가 숨겨진 의외의 공간을, 또는 대놓고 쉬라고 만들어진 장소를 만날 수 있다. 그곳에서 무엇을 할 지는 각자의 자유다.

〔V&A, 존 마데스키 가든 The John Madejski Garden〕

　　볼 것이 가득한 박물관을 관람하다 보면 심신이 지칠 수 있다. 박물관에서 휴식이 필요한 순간이 있다. 바깥의 공기가 필요하다고 해서 런던에 있는 공원으로 떠나기에는 아직 이르다 싶을 때 존 마데스키 가든을 가자. 그곳은 공원만큼 여유로우며 넋 놓고 쉴 수 있는 공간이다. V&A에 들어서자마자 이곳부터 가도 무방하지만 그러기에는 다른 유혹이 산재해 있다.

그랜드 출입구로 들어서면 높은 천장에 달린 메두사 머리를 닮은 조형물에 한번 놀란다. 인포메이션 데스크를 지나 샵을 통과하면 공간 양옆에 쭉 늘어서 있는 조각에 또 한번 더 놀란다. 무사히 다 통과하면 비로소 밖이 보이는 유리문이 보일 것이다. 그 문을 열고 나가면 존 마데스키 가든을 만나게 된다. 문을 여는 순간 오래된 역사의 숨결을 품은 붉은색 건물로 둘러싸인 요새같은 공간에서 뿜어 나오는 아우라에 잠시 머뭇거리게 될 것이다. 그곳에 자리 잡은 커다란 인공 호수는 마치 고대 건물에 불시착한 UFO 같기도 하고 사막에서 만난 오아시스처럼 그 어디에서도 느껴보지 못한 비경을 선사한다.

존 마데스키 가든에 처음 간 날은 가을 오후였던 걸로 기억한다. 어느새 주홍빛 석양이 호수에 반사되어 반짝이고 모든 것들이 붉은색으로 덧입혀졌다. 태양이 일과를 마치고 휴식에 들어가듯 주위의 사람들도 호숫가 주변에 앉아 쉬는 모습이 너무나도 평화로워 보였다. 태영이와 나도 모든 일정을 뒤로하고 그들과 함께 앉아 휴식을 취했다. 타원형 인공 호수는 여름철 발을 담글 수 있기에 사람들 더위를 식히는데 안성맞춤이고 행사나 전시가 있을 때는 구조물을 설치해서 장소를 활용하기도 한다. 호수 주변에는 사계절 내내 푸른 잔디가 깔려 있고 여름에는

수국과 레몬 나무에서 피어나는 싱그러움이 눈과 코를 자극한다. 한쪽
에 마련된 야외 카페에서 파는 시원한 음료수나 아이스크림을 곁들인다
면 그보다 더 완벽한 휴식도 없을 듯하다.

〔V&A, 세커 코트야드The Sacker Courtyard〕

4년 전쯤으로 기억한다. 엑시비션 로드쪽 V&A에 가림막이 설
치되었다. 영국에서 흔히 볼 수 있는 보수공사를 하려니 생각했다. 내
가 그들의 상상력과 예술에 대한 열정, 대중에게 전하고 싶은 메시지를
어찌 감히 짐작할 수 있겠는가? 드디어 가림막은 치워졌고 과거 건물에
더해진 또 다른 현대 건축물이 대중 앞에 공개됐다. 이제 놀라지 않을
만도 한데 이 조화는 또 무엇이란 말인가! 새로운 공공장소로 만들어진
세커 코트야드에서는 다양한 무료공연이 열린다. 유리로 장식된 카페
안에서도 세커 코트야드에서 벌어지는 야외 활동을 편안히 즐길 수 있
다. 광장 지하에는 새로운 전시공간인 세인즈버리 갤러리Sainsbury Gallery가
만들어졌다. 최근 V&A를 방문했을 때 세인즈버리 갤러리를 코앞에 두
고도 내려가보지를 못했다. 다음에는 사진으로 느꼈던 아름다움을 내
두 눈으로 직접 느껴 보고 싶다. 길을 지나가다가 고개만 슬쩍 돌리면
이런 아름다운 공간을 볼 수 있는 영국인은 그들이 받는 혜택에 감사해
야 한다.

기억의 소환 (Shop)

기념품은 볼 때마다 그것을 샀던 장소로 나를 소환한다. 다음 일정에 늦을까 봐 초조하게 계산을 기다리던 심정이 떠오르고, 친절하게 계산을 해주던 직원의 얼굴이 되살아나기도 한다. 고민하다가 사지 않은 물건이 줄곧 아쉬움으로 남기도 해서 인터넷을 뒤적거려보기도 하고, 부끄러운 고백이지만 친구에게 주려고 사 온 물건이 못내 아까워 결국 내 소유로 변하기도 했다. 수많은 이야기를 간직한 기념품은 나의 여행에 없어서는 안 되는 중요한 요소다. 여행 중 소소한 쇼핑에서 얻어지는 행복의 크기는 무시할 수 없다.

〔Tate Modern, Shop〕

'TATE'라는 글자는 이제 하나의 매력적인 브랜드로 자리 잡았다. 테이트가 인쇄된 물건은 다 좋아 보이고 세련되어 보인다. 테이트에 대한 나의 브랜드 충성도는 매우 높다고 할 수 있겠다. 테이트가 인쇄된 미술용품은 쓸데가 없는데도 사고 싶어진다. 미술용품을 구경하는 순간만큼은 미대생 언니가 된다. 테이트가 인쇄된 미술용 앞치마를 입고 그림을 그리거나, 테이트가 인쇄된 미술 가방을 들고 다니며 뽐내는 공상에 빠지곤 했다. 공상에서 깨어나 뭐라도 사야겠다 싶어 궁리하다 런던의 모습이나 스케치해볼까 생각했다. 제일 만만한 스케치북을 한 권 샀다. 하지만 빳빳한 새 종이 그대로 지금까지 책꽂이에 꽂혀 있다.

한국에 돌아오니 테이트는 예전처럼 가고 싶으면 갈 수 있는 장소가 아니게 되었다. 그럴 때면 테이트가 인쇄된 볼펜 하나를 필통에 쓱 집어넣고 집을 나선다. 그러면 테이트에 가지 않아도 간 것 같은 기분이 느껴지고 조금이나마 위안이 된다. 하지만 아직도 색깔별로 테이트 볼펜을 사 오지 않아서 후회하고 있다. 정말 나는 못 말린다.

〔V&A, Shop〕

'V&A'는 고유한 브랜드 로고로 박물관에 있는 샵뿐 아니라 백화
점이나 대형 마트 그리고 서점에서 판매되고 있어서 쉽게 다양한 상품
을 만날 수 있다. 그중에서도 V&A가 소장하고 있는 작품 속 패턴이나

그림을 활용해 디자인된 물건은 우아하고 품격이 넘친다. 특히 영국의 시인이자 공예가인 윌리엄 모리스William Morris의 작품 속 패턴을 활용한 상품은 인기가 많은 대표적인 상품이다. 한국에서 맞은 무더운 어느 여름날의 일이다. 버스정류장에서 버스를 기다리던 젊은 여인이 어깨에 메고 있던 에코 가방이 보였다. 색과 패턴이 너무 예뻐서 멀리서도 V&A 가방이라는 것을 금방 알아볼 수 있었다.

많은 양의 미술 서적과 전문 자료를 판매하는 북샵도 있다. 도록을 좋아하는 사람이라면 비행기 수화물 제한 무게를 재차 확인해가며 어떻게 한국까지 가지고 갈까 고민에 빠지게 될 것이다. 또한 특별 전시장 옆에서는 전시와 관련한 다양한 종류의 기념품과 책을 판매한다. 알렉산더 맥퀸Alexander Mcqueen의 특별 전시는 사후에도 여전히 그의 인기를 실감할 수 있었다. 수많은 사람이 관람을 위해 줄을 섰다. 다양하게 제작된 상품을 판매하는 기념품 샵에도 사람들이 바글바글했다.

〔National Portrait Gallery, Shop〕

내셔널 포트레이트 갤러리에 특별한 에피소드가 있다. 2018년 줄리안 오피Julian Opie의 작품을 처음 봤다. 그중에 머리를 하나로 묶은 여자 그림은 태영이를 꼭 닮아 보여서 마음에 쏙 들었다. 관람을 마치고 샵으로 구경하러 갔는데 마침 갤러리에서 본 그림을 판매하고 있었다.

그날따라 밖에는 비가 내리고 바람도 제법 세게 불고 있었다. 어떻게 해야 하나 고민 끝에 다음에 오면 꼭 사야지 다짐하고 집으로 갔다. 일주일 후 다시 들렀다. 그사이 제품 진열은 확 바뀌어 있었고 사려 했던 그림은 보이지 않았다. 작가 이름도 작품 이름도 모르니 난감했다. 어떻게 할까 고민하다가 계산대에 있는 직원에게 도움을 요청했다. "일주일 전에 이쪽에 걸려 있던 갈색 머리를 하나로 묶은 여인……" 나름대로 정확히 설명한 것 같은데 의사 전달은 잘 되지 않았다. 일이 커져 옆에 있던 다른 직원까지 와서 내 얘기를 경청했다. 셋이서 이야기를 주고받다가 한 직원이 손뼉을 치며 "아! 어쩌고 저쩌고!" 하더니 나에게 양해를 구했다. 그리고 직원은 수화기를 들고 어딘가에 전화를 했다. 순간 그들을 너무 성가시게 하는 것 같아 미안한 마음이 들고 등에서는 땀이 났다. 당장 그곳에서 도망치고 싶었다. 직원은 통화를 끝내고는 지금 원하는 그림이 다른 곳에 있으니 조금만 기다려 달라며 사라졌다. 몇 분 후에 직원은 환한 얼굴로 내가 원하던 그림을 들고 왔다. 함께 기뻐해주던 다른 직원에게도 감사의 인사를 전하고 냉큼 계산을 했다. 그리고 빠른 걸음으로 후다닥 샵을 빠져나왔다. 그 그림은 줄리안 오피의 2017년 작 〈루시아, 뒷모습3Lucia, back 3〉이다.

　　박물관에서 일하는 직원들은 영국에서 만날 수 있는 가장 친절한 사람들이다. 이야기가 다른 곳으로 빠지는 듯하지만, 영국에 처음 발을 디딜 때 만나게 되는 사람이 있다. 가장 냉혹하고 인정이라고는 찾아볼 수 없는 냉혈인간, 출입국 심사원이다. 고의가 아니라 몰라서, 아니면 어쩔 수 없이 한 나의 작은 실수에 호통을 치는 사람도 있다. 이런 까닭으로 갈기갈기 찢어지고 주눅 든 마음은 무엇으로도 달랠 길이 없다. 그러나 우리가 사는 세상에는 이롭고 친절한 사람이 더 많다. 그러하기에 상처받은 마음은 금세 아문다.

커피 한 잔, 차 한 잔 속 수다 (Cafe)

　　영국 하면 고급 찻잔에 차를 마시는 티문화를 떠올리지만, 최근에는 하루 7천만 잔의 커피가 팔릴 만큼 커피 중독자들이 늘고 있다. 출근하며 커피를 마시고 점심에 식사와 함께 커피를 마신다. 피곤해서 마시고, 마시고 싶어 마시고, 입이 심심해서 마신다. 그러다보니 미술관을 관람하다가도 커피가 마시고 싶어지는 것은 당연하다. 물론 차도 여전히 많이 마신다. 한 잔의 차 a cup of tea 를 '쿠파Cuppa'라고 단출하게 줄여 언제 어디서나 쿠파를 외치며 차를 마신다. 그런 일상의 풍경은 미술관이라고 예외는 아니다. 그러다 보니 미술관에도 원할 때 언제든지 커피나 차를 마실 수 있도록 카페는 좋은 자리를 차지하고 있다.

　　영국인들은 남에게 피해를 주는 것을 끔찍이 싫어한다. 또한 자신이 피해받기도 싫어하다 보니 '쏘리Sorry'를 남용한다. 여기저기에서 들리는 'Sorry'는 영국에 도착했음을 실감하게 한다. 그렇지만 카페에서만큼은 그들도 무장해제를 하고 편안하게 오롯이 자기 자신에게 집중한다. 그렇다고 해서 무례하게 큰 소리로 떠들거나 웃는 사람들은 드물지만 이동 중에 부딪치면 'Sorry'라고 외치는 모습은 여전하다. 나는 그들 사이에 앉아 그들을 몰래몰래 구경하고 조곤조곤 떠드는 이야기를 엿들었다. 영어는 내 눈앞에서 입을 크게 벌리고 또박또박 얘기해도 그 뜻을 모를 때가 많다. 그러니 옆 테이블에서 오가는 대화가 잘 들릴 리가 없다. 그래도 간간이 들려오는 그들의 대화, 그리고 억양을 들으며 사사로

운 일상을 짐작해보는 일은 제법 흥미롭다. 아무도 나를 알아보지 못할 것이라는 안도감은 무리 속에서 현지인을 내 맘대로 바라볼 수 있는 혜택을 얻은 것 같은 착각을 하게 했다. 일상을 떠나 자유를 누리는 나의 삶은 만족스러웠다. 어쩌면 얘기 나눌 사람이 없었던 영국에서 무의식적으로 남의 얘기를 엿들으며 뇌 건강을 챙겼기 때문일지도 모르겠다.

런던 어딘가의 매력적인 로컬 커피점에서 현지인의 일상을 느껴보고 싶다면 박물관에 마련된 카페를 찾아도 후회는 없을 것이다. 그 어떤 공간보다 많은 공을 들여 설계하고 디자인한 박물관이라는 공간 안에 마련된 카페는 현지인들에게 사랑을 듬뿍 받는 곳이다.

〔Somerset House East Wing, Fernandez & Wells cafe bar〕

12월 31일. 친구는 열려 있는 상점이 별로 없을 거라며 외출을 말렸다. 나는 친구의 말을 뒤로하고 런던을 향해 일찍 나섰다. 해가 일찍 지는 겨울이라 서둘렀는데도 서머싯 하우스에는 어두워진 뒤에야 도착했다. 어둠 속에서 크리스마스 장식으로 빛나는 서머싯 하우스 모습이 반가웠다. '다시 만나 반가워.' 라고 인사를 건네고 바로 이스트 윙으로 향했다. 그곳에는 페르난데즈&웰스 카페가 있다.

카페는 오래된 건물 자체에서 나오는 품격만으로도 일단 반은 성공이다. 나무가 벗겨진 바닥, 무심히 놓여 있는 나무 테이블조차 뭔가 특별해보였다. 영국인들은 낡은 것과 조화를 이뤄 새 건물을 짓고 서로 어울리게 실내장식을 하는 재주가 정말 뛰어나다. 《런던 커피 가이드 The London Coffee Guide》책에서 이곳의 커피맛은 5점 만점에 4.25점을 받았다. 높은 점수를 받은 만큼 커피 맛 또한 보장한다. 번쩍이는 라마조꼬 에스프레소 기계에서 나오는 진한 커피는 피로를 풀어준다. 티팟에 부어 우려낸 차는 너무 뜨거워서 마시기도 힘들었다. 그래도 기분이 나쁘지 않았다. 음식은 본연의 재료 맛을 그대로 느끼게 해주는 주

방장의 솜씨가 일품이었다. 하지만 칼이 들어가지 않을 만큼 딱딱한 토스트는 정말 난감했다. 어떻게 먹으란 말인가? 물에 담가서 불려 먹어도 딱딱해서 먹기 힘들 것 같은 빵이었다.

〔Somerset House South Wing, Tom's Deli-Cafe〕

아침에 일찍 도착하면 사람이 없는 서머싯 하우스 안뜰을 혼자서 걸을 수 있다. 안뜰을 가로질러 오른쪽 끝에 보이는 문을 열고 들어가면 고건물에서 느껴지는 위엄과는 다른, 친근한 분위기의 톰스 델리 카페가 나타난다. 런던 시내에서 흔히 만날 수 있는, 달리 말하면 런던 사람들이 좋아하는 분위기의 카페. 모든 식자재나 요리 기구들이 외부에 보이게 진열되어 있어서 무심하고 어수선해 보이지만 자연스러운 분위기를 연출한다.

일찍 문을 열기 때문에 기회가 될 때면 런던으로 서둘러 건너가 커피로 잠을 깨우고 간단한 음식으로 요기하며 현지인들과 섞여 하루를 시작하곤 했다. 아, 지금 생각해보니 정말 대단한 행복이었다. 창밖의 아름다운 서머싯 하우스를 바라보며 마시는 커피가 어떻게 맛이 없을 수 있겠는가! 페이스트리와 케이크, 샐러드와 샌드위치, 신선한 주스 등 모든 메뉴를 최고의 영국 농산물로 만든다고 자랑하는 곳이다.

〔National Portrait Gallery, Portrait Restaurant〕

　내셔널 포트레이트 갤러리의 자랑거리라고 해야 할까? 명소라고 해야 할까? 포트레이트 갤러리보다 더 유명하다고 해도 과언이 아니다. 맨 위층 Level 3에 있는 이곳은 아름다운 전망을 자랑한다. 트라팔가르 광장의 넬슨 상과 함께 오밀조밀한 런던의 스카이라인이 펼쳐지고 저 멀리 빅 벤과 런던아이가 더해지니 꼭 한 번은 보아야 할 장관임이 분명하다. 하지만 이용하는 사람도 많고 음식값도 비싼 편이라 자주 갈 수 있는 곳은 아니었다. 그렇지만 바에서 간단하게 음료를 마신다면 저렴하게 포트레이트 레스토랑을 이용할 수 있다.

한번은 태영이와 사진을 찍기 위해 간 적이 있다. 바를 이용하려 했는데 의사 표현을 정확히 못 한 탓에 테이블에 앉게 되었다. 전망은 좋았지만 직원의 서비스는 매우 실망스러웠다. 무엇을 먹을까 고민하다가 애프터눈 티세트를 시켰다. 계획에 없던 지출을 했다는 자책으로 아이에게 계속 불편한 마음을 내색했다. 그 결과 우리는 내내 음식값을 걱정하며 음식을 먹었다. 이왕 먹게 된 거 편안한 마음으로 음식을 즐겼으면 좋았을 것을. 장소보다 중요한 것은 그 순간의 마음가짐임을 다시 한번 깨닫는다. 개인적으로 Floor -3에 있는 Portrait Cafe를 즐겨 찾았다. 지하라는 위치적 단점을 장점으로 전환한 장소다. 건물 끝자락에 자리 잡은 이곳은 무채색 곡선 벽면 위에 밖이 보이는 유리 천장구조라 지하라는 답답함을 느끼지 못한다. 포트레이트 갤러리 정문으로 들어가는 길을 따라 걸으면 발아래 유리를 통해 카페 안이 보인다. 실망스럽게도 새롭게 카페가 단장하면서 예전의 흑백영화 같았던 무채색 카페의 매력이 온데간데 없이 사라지고 말았다.

〔The National Cafe〕

트라팔가르 광장에서 바로 이어지는 게티 입구Getty Entrance로 들어서면 항상 많은 사람이 바글거린다. 커다란 카페는 두 구역으로 나뉜다. 앞쪽에 있는 그랩 앤 고 셀프서비스Grab and Go self-service구역은 커피와 음료,

샌드위치나 컵케이크 등 가벼운 음식을 바로 주문해서 먹을 수 있다. 안쪽은 테이블에 앉아서 음식을 주문해서 먹을 수 있는 구역으로 맛이 좋다는 평이 많다. 먹어보지는 못했지만 애프터눈 티 세트 가격도 다른 레스토랑보다 저렴하고 훌륭하다고 전해진다.

반짝이는 검은색 나무 덧문이 달린 기다란 창과 오래된 나무로 된 테이블, 그리고 중간에 놓여있는 커다란 그랜드피아노까지 고혹적이고 품위 있는 분위기를 자아내던 장소가 최근에 그와는 완전히 대비되는 분위기로 바뀌었다. 백색 창과 하늘을 그려 넣은 칸막이로 테이블 사이의 공간을 나눠주고 현대식 가구를 배치했다. 새로운 것이 항상 더 좋은 것은 아니다. 왜 굳이 바꿨는지 이해가 되지 않을 정도로 내셔널 갤러리와 영 어울리지 않는다.

〖V&A Cafe〗

태영이의 절친한 친구 애니스Annice와 함께 셋이서 런던 나들이를 간 적이 있다. 영국에서 지내면서 항상 신세만 졌던 애니스 가족에게 감사의 마음을 표현할 방법이 없었다. 그러던 차에 내가 오전부터 오후까지 애니스를 돌봐야 할 일이 생겼다. 기회다 싶어 기차를 타고 런던으로 나섰다. 첼시에 있는 백화점에 가서 태영이랑 똑같은 토끼 인형도 사고, 다이애나 메모리얼 플레이그라운드Diana Memorial Playground에도 가서 놀았다.

애니스와 함께 가장 가보고 싶었던 V&A도 갔다. 이날은 V&A에서 하는 워크숍 참여도 아니고, 전시장 구경도 아니고, 오로지 V&A 카페에서 점심을 먹기 위해 들렀다.

V&A 카페는 카페라고 말하기엔 문화 유적만큼이나 아름다운 곳이다. 카페는 각 방을 설계한 디자이너의 이름을 붙였다. 각 방은 디자이너의 개성만큼 극명히 다른 모습을 보여준다. 중간에 있는 갬블 룸 The Gamble Room은 마리 앙투아네트가 춤을 추던 무도회장처럼 화려하고, 그 왼쪽에 있는 포인터 룸The Poynter Room은 푸른색 타일로 장식되어 있다. 오른쪽 모리스 룸The Morris Room은 고딕 양식의 짙은 녹색 석고판 위에 양각으로 올리브 나무가 장식되어 있다. 아이들은 세 방 중에 밝고 넓은 갬블 룸을 선택했다. 카페테리아에서 각자 고른 음식을 갬블 룸으로 들고 와서 함께 먹으며 사진도 찍고 얘기를 나눴던 기억이 소중하게 느껴진다.

V&A는 세계에서 처음으로 인공조명을 사용한 박물관이다. 해가 져야 일이 끝나는 노동자들은 해가 지면 어두워지는 박물관을 관람할 수 없었다. 하지만 박물관에 인공조명을 사용하면서 늦게까지 박물관 관람도 가능해졌고 카페에서 따뜻한 음식을 먹을 수 있게 되었다. 물론 귀족과 차별되는 메뉴를 먹었다고 한다. 그렇다고 해도 귀족들의 전유물이었던 장소를 일반 노동자들에게도 개방했다는 사실은 V&A를 더

욱 좋아하게 만든다.

　V&A 카페는 항상 많은 사람으로 북적인다. 평일에는 나이 든 할머니, 할아버지가 한낮의 여유를 즐기는 모습이 자주 보인다. 가끔 평일에 태영이를 학교에 보내고 혼자서 이곳으로 와서 커피나 티와 함께 스콘을 주문해 클로티드 크림과 잼을 발라 먹으며 나만의 호사를 누리곤 했다. 한 끼 식사 맘먹는 부담스런 가격이지만 어떤 배부른 음식보다 만족스러웠다. 아마도 이곳을 찾는 사람들의 마음도 나와 같을 것이다. 아름다운 곳에서 맛있는 음식을 먹는 순간만큼은 누구나 세상에서 가장

행복한 사람이리라.

〔Tate Modern Boiler House Level 3 & Blavatnik Level 10〕

테이트 모던 보일러 하우스 Level 3은 나에게 행운을 선물해준 특별한 장소다. 영국에서 태영이와 단둘이 정착하기까지 많은 우여곡절이 있었다. 집을 구하지 못해 힘들었던 주말, 기차를 타고 무작정 런던으로 나와 테이트 모던으로 간 적이 있다. 비가 오락가락 내리고 하늘은 구름으로 덮여 있던 날, 테이트 모던에 들어서서 보일러 하우스 Level 3으로 올라가 발코니로 나갔다. 무심히 템스강으로 시선을 돌렸는데 쌍무지개가 떠 있었다. 눈에서 눈물이 핑 돌았다. 쌍무지개를 보며 '그래, 모든 일이 다 잘 될 거야.'라는 희망과 함께 감사 기도가 나올 정도로 아름다운 광경이 펼쳐졌다. Level 3에는 발코니가 있어 바람을 맞으며 런던의 전경을 볼 수 있고, Level 6에 있는 카페에서는 전경이 바라보이는 통유리 앞 탁자에 앉아 편안하게 커피나 간단한 음료를 마시며 조망을 즐길 수 있다.

취향에 따라 어디로 갈지 선택할 수 있다.

    이 두 곳에서 보는 런던의 조망이 너무 아름답기에 "굳이 블라바

트닉 Level 10에 올라갈 필요가 있어?" 라고 묻는다면 "응, 당연하지."라

고 대답할 것이다. 이곳은 360도로 발코니가 둘러 있어 런던을 동서남

북으로 한 바퀴 빙 둘러보는 특별한 조망을 선사한다. 난간은 있지만,

윗부분은 뚫려 있어서 어린이를 동반한다면 각별히 조심할 필요가 있

다. 조망을 바라보며 꼭 빠질 수 없는 것이 있다면 커피다. 작은 카페가

마련되어 있어서 커피나 차를 한 손에 들고 런던의 전경을 바라보며 망

중한을 즐기기에 그만이다.

〔Tate Britain, Djanogly Cafe〕

테이트 브리튼 정문으로 들어가면 마치 모델 트위기의 전성기 흑백 사진을 보는 듯하다. 2012년부터 공사에 들어가서 2015년에 새롭게 오픈한 이곳은 반복되는 블랙 앤 화이트 색상의 부채꼴 모양 타일이 바닥에 깔려있다. 나선형 계단 난간 모양도 부채꼴 모양으로 통일시켜놓았다. 원형 지붕에 달린 현대적인 풍선 모양 조명까지 너무 단정하고 멋스러워 살짝 정이 안 갈 지경이다. 지하로 내려가면 카페 천장은 생각보다 낮다. 하얀색 원형 지붕에 걸린 동그란 조명이 여기서는 거추장스러워 보일 정도로 안 어울린다.

그렇지만 자노글리 카페의 음식은 어느 곳보다 정갈하고, 특히 영국 각 지역 먹거리들을 판매하는 특별함이 있다. 하크니 지역의 소다, 노섬벌랜드 지역의 콜라, 글로스터서 지역 농장에서 짠 신선한 사과 주스 등 영국 각지의 특산물을 맛볼 수 있다. 정오부터 오후 3시 사이에는 식사도 판매한다. 연어와 시금치 파이, 완두콩과 민트 수프 등 주방장이 직접 만들어 따뜻하게 제공되는 영국 음식을 먹을 수 있다. 이름 모를 식당에 가서 국적도 알 수 없는 음식을 먹는 것 보다 정갈한 테이트 브리튼 카페에서 영국 여러 지방의 음식을 즐겨보자.

〔Royal College of Art, Court Yard Cafe〕

런던 중심가의 분주하고 소란스러운 차 소리를 뒤로하고 입구로 들어서면 건물로 둘러싸인 안뜰은 조용하고 고혹적이다. 그 안에서 사람들은 햇볕을 맞으며 여유를 즐긴다. 영국도 점점 가물어지고 평균 기온이 올라가면서 전보다는 해를 자주 볼 수 있다. 그래도 여전히 영국 사람들은 사계절 상관없이 햇볕을 찾아 나선다. 따뜻한 햇살이 비치는 6월 어느 날에 로열 아카데미 오브 아츠를 방문한 나는 오롯이 혼자였다. 나도 런더너처럼 햇빛을 받고 커피를 마시며 특별히 하는 일 없이 여유를 즐겨보리라 마음먹었다. 주로 아메리카노와 유사한 블랙Black커피를 마시지만 그날은 현지인들이 많이 마시는 라떼를 시키고, 햄이 들어간 샌드위치 대신 안 먹던 쿠스쿠스 샐러드를 샀다. 이미 야외 테이블 자리는 꽉 차 있었고 어디에 앉을까 망설이다가 안뜰 중앙에 있는 동상 밑에 철퍽 앉았다. 바닥에 커피를 두고 샐러드를 천천히 씹으며 주위 사람을 구경하던 여유로움이 지금도 생생하다. 서울도 넓고 인맥이 좁은 나이기에 어디선가 아는 사람을 만날 가능성이 크지 않음에도 외국에서만큼 자유로움을 누리지 못하는 이유는 뭘까?

CONCERT 공연

내셔널 시어터

폴카 시어터

바비칸 센터

사우스뱅크 센터

BBC Proms

왕립음악대학

공연문화의 선두주자

영국에 관한 내 관심의 시작은 듀란듀란 (Duran Duran)부터 시작되었다. 열광적으로 듀란듀란을 좋아하던 언니를 보고 따라 좋아했다. 팝 음악을 좋아하는 언니와 오빠는 엘피판과 음악 테이프를 모았고 나도 귀동냥으로 팝 음악을 듣기 시작했다. 조금은 난해한 레드 제플린, 핑크 플로이드를 비롯하여 비틀스와 퀸, 그보다 조금 더 대중적인 음악을 선보인 웸이나 컬처 클럽에 이르기까지 대중에게 큰 사랑을 받는 팝 음악의 상당 부분을 영국 출신 가수나 그룹이 점유하던 시절이 있었다. 그렇게 나는 브리티시 팝 음악을 들으며 영국 문화에 눈을 뜬 셈이다.

영국의 공연 문화는 대중음악부터 전통 연극에 이르기까지 다양하다. 대중음악과 연극은 합쳐져 뮤지컬이라는 장르를 탄생시켰고 이 장르는 런던의 웨스트엔드는 물론 미국 브로드웨이까지 잠식했다. 어디 그뿐인가. 유럽의 다른 나라에 비해 고전음악 분야에서 거장을 많이 배출하지 못했던 과거와 달리 현재 세계적인 페스티벌을 주최하고 있으니, 공연 문화에 있어서 선두주자라고 해도 지나치지 않다.

특히 런던에는 곳곳에서 다양한 공연이 열린다. 거리에서 열리는 1인 공연을 비롯해 제법 그럴싸한 공연도 만날 수 있다. 화려한 간판을 달고 있는 공연장이 아닐지라도 마임을 비롯해 소리를 쩌렁쩌렁 지르며 연기하는 연기자의 공연, 길거리에서 연주하고 사라지기에는 아까운 거리 공연 등 이색적이고 마음을 빼앗는 공연이 펼쳐진다. 우연히 만날 기회를 기다릴 시간이 없다면 현지인들이 일상적으로 자주 이용하는 곳을 방문해보자.

내셔널 시어터National Theatre는 '국립'이라는 고루한 느낌과는 전혀 다르게 다양한 소재는 물론 많이 알려진 원작을 재해석하여 막을 올린다. 그뿐만 아니라 어느 박물관보다 적극적으로 다양한 문화프로그램과 워크숍을 제공하고 있다. 어린이와 함께라면 어린이 전용 극장은 꼭 가보자. 어린이를 위한 다양한 공연은 기본이고 시기만 잘 맞춘다면 하루 동안 진행되는 연극 관련 워크숍과 학기제로 운영되는 방과 후 수업도 들을 수 있다. 영국은 정부에서 적극적인 예술 진흥 정책을 진행하고 각종 교육기관의 교내 연극을 비롯한 다양한 예술 활동에 지원을 아끼지 않는다고 한다. 그래서인지 부담 없는 가격에 간단히 예약만 하고 참여했던 연극 관련 워크숍은 내용도 알찼으며 강사는 훌륭했다.

여행 중이라도 클래식 공연을 추천한다. 7월에서 9월 사이 열리는 BBC 프롬스Proms를 통해 클래식은 격식을 갖추고 감상해야 한다는 고루한 생각에서 벗어나게 되었다. 클래식의 문턱을 낮춰 좀더 자유롭고 편안하게 즐길 수 있는 BBC 프롬스는 클래식이 오랜 시간을 두고 정제되어 온 음악일 뿐 어려운 음악이 아니라는 것을 체험하게 해줄 것이다. 공연을 관람할 시간이 없다면 BBC 프롬스 기간에 열리는 워크숍만 참여해도 좋다.

이 책을 통틀어 가장 소개하고 싶은 장소 중 하나는 사우스뱅크 센터Southbank Centre다. 사우스뱅크 센터에서는 매년 지역 공동체, 더 나아가 세계의 소리에 귀 기울이며 다양한 주제의 페스티벌을 공들여 준비한다. 페스티벌 기간에는 수많은 음악가와 예술가들이 공연을 비롯해 전시회를 연다. 또한 페스티벌 주제와 연관 있는 영화상영과 다양한 형식의 문화 활동이 뒤섞여 하나의 목소리를 낸다. 사우스뱅크 센터 방문을 통해 그들이 전하는 메세지에 함께 공감하고 참여할 수 있다면 이미 세계를 움직이고 변화시키는 주체가 된 것이다.

며칠 있다가 떠나는 관광객일지라도 공연문화가 일상이 되고 일상이 공연문화가 되는 영국에서 문화의 힘과 전통을 느껴보길 바란다. 그리고 더 나아가 새롭게 변화하고 발전하는 모습을 체험하면 또 다른 영국의 모습을 알게 되는 계기가 될 것이다. 이렇게 다양한 공연이 다양한 장소에서 열리고 있는데, 굳이 웨스트엔드의 대형 공연만 고집하겠는가?

내셔널 시어터
National Theatre

　　TV가 생기고 영화가 상영되니 셰익스피어 시대만큼 열광적이지는 않지만 여전히 연극은 영국사람들에게 사랑받는 문화 영역이다. 영국에서 사는 동안 동네에서 열리는 작은 축제나 크리스마스 기간 교회에서 하는 크고 작은 연극을 봤다. 또한 태영이가 다녔던 학교에서도 '드라마'라 불리는 연극 수업이 일주일에 한두 번 있었다. 졸업을 앞둔 학생들은 '졸업 연극'을 오랜 시간 준비해 학생들과 학부모 앞에서 발표회를 한다. 이렇듯 연극은 시대가 변해도 지금까지 사랑을 받으며 일상생활 속에 자연스럽게 녹아 있다. 특히 연극은 창의적 표현력을 개발하고 다양한 의사소통의 기술을 배움으로써 사회성 발달에 도움이 되어 학교 교육에도 중요한 일부가 되고 있다.

　　내셔널 시어터에서 워크숍이 진행되고 있다는 사실을 알게 된 것은 한국에 돌아오기 직전이었다. 워크숍을 추천해준 매표소 직원에게 고마움을 표하고 싶을 정도로 워크숍은 매우 만족스러웠다. 내셔널 시어터에서 진행되는 워크숍은 유료였다. 경험에 의하면 돈을 내는 워크숍은 준비된 재료가 다양하거나 워크숍 시간이 길거나 하는 나름의 합당한 이유가 있다.

스튜디오로 들어서자 상냥한 미소를 지으며 아이들을 맞이해주는 강사가 서 있었다. 눈을 마주보며 인사를 나누는데, 왠지 강사의 온화한 미소가 영국을 곧 떠나야 하는 나의 아쉽고 착잡한 마음을 위로해주는 것만 같았다. 그 미소 덕에 내 마음은 안정되었다.

아이들이 하나 둘 모이자 워크숍이 시작됐다. 재활용에 관한 관심이 많은 나는 신발을 담아주는 신발 상자는 버리기가 아깝다. 튼튼하고 뚜껑까지 달린 신발 상자는 버리지 않고 모아두었다가 물건을 담는 정리함으로 쓰곤 한다. 정리함 말고 다른 용도로 사용할 생각은 못했는데, 강사는 신발 상자를 무대라고 생각하고 그 안을 꾸며보자고 했다.

무대의 배경은《헨젤과 그레텔》이야기 중에서 각자 마음에 드는 장면으로 만들어보기로 했다. 강사는 연극무대란 무엇인지, 어떻게 만들어지는지에 대해서 설명을 해주었다. 태영이는 헨젤과 그레텔이 엄마에게 야단을 맞고 나서 딸기를 따기 위해 숲속으로 가는 장면을 만들어보기로 결정했다. 무대를 만들기 위해서는 이야기에서 어떤 점을 강조할 것인지, 등장하는 배우의 동선은 어떻게 될 것인지를 세세하게 계획하며 만들어야 했다. 생각보다 쉬운 작업이 아니지만, 도움이 필요할 때는 강사에게 질문하고 조언을 구할 수 있었다.

　　다 완성된 작품은 교실 앞에 전시하고 각자 완성된 작품에 관해 설명하는 시간을 가졌다. 같은 이야기와 같은 재료를 가지고 만들었지만, 결과물은 각양각색이다. 내가 어렸을 때를 생각하면 다른 사람 앞에서 발표하는 시간은 항상 곤혹스럽고 부끄러웠다. 그런데 지금 여기 있는 아이들은 자신의 작품을 다른 사람 앞에서 당당하게 보여주고 있다. 그 모습이 참 보기 좋다. 태영이 역시 자기가 만든 작품에 자부심을 느끼는 모습이 사뭇 대견하다. 그날 만든 작품은 집에 들고 오지 못하고 두고 와야 했다. 이미 짐을 배 편으로 다 보냈고, 비행기에 탈 때 들고 갈 짐을 더 이상 늘릴 수가 없었다. 그래도 우리가 만든 작품을 보고

다른 사람이 영감을 받을지도 모른다고 생각하니 섭섭한 마음은 금세 사라졌다.

워크숍이 진행되었던 클로어 러닝 센터Clore Learning Centre 내부에 들어서면 작은 카페가 먼저 보인다. 너비가 넓진 않지만, 높은 천장을 가진 복층이라 시원한 느낌을 준다. 평소에는 사람도 없고 한적하여 위층에 올라가면 타인의 시선으로부터 완전히 벗어날 수 있다. 오롯이 나만의 공간인 듯 착각을 불러일으키게 하는 구조다. 집을 떠나 머나먼 타국에서 불안정한 생활을 하느라 움츠러들었던 마음이 공간이 주는 안정감과 세련된 감각 덕분에 다시 생기를 회복하게 되었다. 인터넷 무료 사용이 가능하고 오래 앉아 있다고 해서 누구 하나 눈치주는 사람이 없다. 편하게 쉬거나 하고 싶은 일을 하기에 그만이다.

위층에 두필드 스튜디오Duffield Studio가 있다. 카페는 워크숍이 진행되는 동안 리셉션 역할을 하거나 쉬는 공간을 제공한다. 워크숍 전에 카페에 도착해 대기하고 있으면 보조 강사가 다가와 인사하고 스튜디오로 안내해준다. 넓고 쾌적한 장소인 이곳은 스튜디오로써 정말 완벽하다. 이런 멋진 곳에서라면 어떤 지루하고 힘든 작업도 흔쾌히 해낼 것 같다. 이것이 공간이 주는 힘이리라. 워크숍이 끝났을때 강사는 스튜디오를 돌아 나가면 내셔널 시어터 무대 뒤 편을 살짝 볼 수 있게 설계되어 있으니 꼭 가보라고 당부했다. 숨기지 않고 그들의 노하우를 액면 그대로 보여주는 모습에서 내셔널 시어터의 자신감과 공공에 대한 배려심이 엿보인다. 무대 뒤에서 작업하는 분들과 눈이 마주친다면 인사를 건네자. 여유 있는 미소로 화답해줄 것이다. 말은 서로 나누지 못하더라도 그게 바로 소통이 아니겠는가?

나의 간절한 희망이란?

영국으로 가기 전에 한국에서 내셔널 시어터 홈페이지를 통해 '패밀리 워크숍—패밀리 피노키오 스토리텔링Family Workshop-Family Pinocchio storytelling'을 미리 예매하였다. 한국에서 예매한 경험은 이번이 처음이라 예매가 잘 되었을까 걱정이 됐다. 표를 사려는 사람이 많아서 시간이 걸리기는 했지만 문제없이 매표소에서 표를 받았다.

스튜디오 문 앞에 도착하니 훤칠한 강사가 기타를 치고 있었고, 익살스러운 표정을 한 다른 강사가 아이들에게 다가와 인사를 건넸다. 겨우 1년 만에 다시 간 영국인데 어쩌나 생경했는지 모른다. 이전보다 입에서 영어가 잘 나오지 않아서 내게는 말을 걸지 않았으면 했지만 딩가딩가 기타를 치며 내게 다가와 무언가 물어본다. 당황스럽게도 알아들을 수가 없다. 강사는 눈치를 챘는지 나의 답은 듣지 않고 태영이에게 다가가 똑같은 질문을 다시 한다. 이제야 질문이 들렸다. "왓츠 유어 디

자이어What's your desire?" 태영이도 선뜻 대답하지 못한다. '디자이어Desire'는
'호프Hope'나 '위시Wish'보다도 더 간절한 바람에 쓰이는, 익숙하면서도 낯
선 단어였다. 질문이 끝나고 스튜디오 안으로 이동하며 계속해서 질문
에 대한 답을 생각해보았다. '나의 간절한 바람은 뭐지?'

스튜디오 안은 전과는 전혀 다르게 작은 소극장으로 변신해 있었
다. 작은 무대를 비추는 조명 시설과 음향 장비까지 총동원된 완벽한 소
극장이다. 한쪽에는 영국 빈티지 스타일의 무대의상과 각종 소품이 시
선을 끈다. 하나하나 구경하며 흥분되는 마음을 숨길 수가 없었다.

　　준비된 무대는《피노키오의 모험》이야기의 마지막 장면으로, 피노키오가 고래 배 속으로 들어가 자신을 만들어 준 제페토를 구하려는 장면이다. 마지막 장면을 완성하기 위해 참가자들은 우선 기본적인 연기를 다 함께 배웠다. 몸동작으로 분노나 기쁨, 슬픔 등의 감정을 표현해 보기도 하고, 자신의 감정을 숨기고 거짓말 연기에 도전해보기도 했다.

　　중간에 쉬는 시간을 가지고 나자 참가자 전원에게 역할을 하나씩 주었다. 짧은 대사를 외우고 연기를 해야 했다. 사실 나는 쑥스럽기도 하고 대사를 외울 자신도 없어서 태영이가 하는 것을 조용히 지켜보겠다고 강사에게 요청했다. 그러자 강사는 나에게 "내가 도와줄 테니 걱정하지 말라." 며 참여를 부추겼다. 소심하고 쭈뼛거리며 어눌하게 영어를 말하는 내 모습을 보여주기 싫었다. 그래도 용기를 내어 따라갈 수 있었던 것은 강사들의 적극적인 지지와 격려 덕분이었다. 다른 참가자들에게서도 다양한 기질을 엿볼 수 있었다. 엄마는 적극적으로 연기를 하지만 아이가 너무 소극적이어서 참여를 거부하기도 했고, 할머니와 온 손자는 자신을 도와주려고 하는 할머니를 매우 성가셔하기도 했다. 겉으로는 조용한 것 같지만 자기 생각을 조목조목 잘 표현하는 아이까지, 각양각색의 참가자들과 함께하는 워크숍은 징검다리를 건너듯 조마조마했다. 하지만 강사들은 역시 전문가였다. 강사들은 참가자 한 명, 한 명을 존중하며 강요 없이 칭찬과 격려로 차분히 워크숍을 진행해갔다. 그렇게 천천히 하나하나 퍼즐을 맞춰가듯이 우리는 마지막 장면을 위한 준비를 끝냈다.

워크숍이 끝나갈 즈음 대뜸 강사가 하트 모양 종이를 나눠주고 그 위에 자신의 'Desire'를 적어보라고 했다. 각자 하트 종이에 적은 희망을 강사의 기타 연주에 맞춰 피노키오를 삼킨, 고래가 놀랄 수 있도록 외친다. 고래는 우리의 소리에 놀라 배 속에 있던 제페토와 피노키오를 뱉어낸다. 감동적인 순간이었다. 그토록 사람이 되고 싶었던 피노키오의 욕망에서 영감을 받아 참가자의 갇혀 있던 욕망을 깨우는 창의적인 연출였다.

구석구석 구경해보자

무대에서 펼쳐지는 공연을 보면서 무대 뒤의 이야기가 궁금할 때
가 많았다. 하지만 궁금증을 해결할 방법이 없었다. 그런데 반갑게도 내
셔널 시어터에서 준비한 '백스테이지 투어Backstage Tour'는 무대 뒤 생활을
살펴보는 프로그램이다. 매년 20여 편 이상의 새로운 작품을 만들어내
는 생생한 무대 뒤를 관람할 수 있다.

'코스튬 투어Costume Tour'에서는 연극에서 필요한 무대의상을 만들
기 위해 천을 직접 만드는 곳부터 가발을 염색하고 관리하는 곳 등 의상
팀의 기술을 견학할 수 있다. 기발한 상상력이 넘치는 분장이나 의상을
혼자 보기 아까워 몸서리를 치기도 했는데 노하우를 구경할 수 있어서
흥미로웠다.

가장 인기가 많은 투어는 '아키텍처 투어Architecture Tour'다. 세계적
인 건축가 데니스 라스던Denys Lasdun에 의해 디자인된 건물은 대표적인 브

루탈리즘Brutalism 건축양식을 보인다. 2001년에 라디오 타임스 잡지사에서 한 여론조사에 따르면, 내셔널 시어터는 가장 사랑하는 건축물 순위와 가장 싫어하는 건축물 순위에 모두 상위 5위 안에 들었다고 한다. 개성이 확실한 만큼 호불호가 확실하다. 아키텍처 투어는 《그랜드 디자인 매거진》에서 '건축과 디자인 팬들을 위한 멋진 하루가 될 것이다.'라고 소개하고 있으니 나도 꼭 참석해 보고 싶다. 5~12세 어린이와 동반하는 가족들을 위해서는 따로 '패밀리 투어Family Tours'를 준비하고 있다. 다른 투어보다 관람 시간이 짧고 어린이는 무료로 동반할 수 있다.

폴카 시어터
Polka Theatre

윔블던에 있는 폴카 시어터는 1979년 만들어진 영국 최초의 어린이 전용 극장이다. 공연 문화가 발달한 만큼 런던 인근에는 몇 개의 어린이 전용 극장이 있다. 그중에서도 폴카 시어터는 내가 살던 동네와 가깝고 친근한 이미지라 쉽게 드나들었다.

폴카 시어터 무대 위에서 책으로 읽었던 《샬롯의 거미줄》, 《찰리와 롤라》, 《버드나무에 부는 바람》 등을 연극으로 다시 만날 수 있었다. 어린이 전용 극장이라고 해서 어설픈 무대와 연출력을 상상한다면 오산이다. 극장은 연극에 몰입하기에 딱 좋은 크기이며 훌륭한 조명과 음향 시설을 갖추고 있다. 책에서 상상으로만 만났던 주인공들이 기발한 무대 의상과 섬세한 분장으로 탄생한 모습을 보며 입이 떡 벌어지기도 했다. 공연 중간에 쉬는 시간에는 극장 직원이 아이스크림을 담은 상자를 메고 공연장으로 들어왔다. 아이들은 기다렸다는 듯이 손에 돈을 쥐고 줄을 서서 애타게 자기 차례를 기다렸다. 짧은 시간 즐기는 아이스크림은 입안을 달콤하게 만들어주었다. 아이들은 금세 만족스러운 미소를 지었다. 그런 정겨운 모습에 폴카 시어터에 대한 애정이 더해졌다.

폴카 시어터에는 다양한 형식과 내용을 갖춘 워크숍도 진행한다. 그러나 어찌된 영문인지 우리는 매번 공연을 보러 폴카 시어터에 방문했다. 관성의 법칙이라고 하면 맞을까? 참 아쉬울 뿐이다.

폴카 시어터에서 관람한 다양한 공연의 수준과 세심하게 분류된 워크숍 커리큘럼을 통해 짐작해보면 분명 만족도가 높은 워크숍일 거라 믿어 의심치 않는다. 홈페이지에는 '아이들에게 재미있고 흥미진진한 연극을 접하게 하여 상상력을 불어넣고 감정을 자극하여 그들의 능력을 발견할 수 있도록 격려하고 발전시키기 위해 노력한다.'라고 소개하고 있다. 공연 만큼이나 연극을 통해 아이들을 교육하는 것을 중요하게 생각하고 있다. 각 워크숍에 대한 안내에는 참여 가능한 연령이 세세하게 분류되어 있고 나이 제한을 꼭 지키라고 기재되어 있다. 정해진 나이에 속하지 않는 어린이는 워크숍의 효과를 못 볼 수 있다고 권고하고 있으니 안내에 따라 참여할 워크숍을 잘 선택하길 바란다.

barbican

art / theatre / music
dance / film / education
conferences / library
restaurants / bars

바비칸 센터
Barbican Centre

　　바비칸 센터는 주거 공간, 공공 기관, 문화 공간을 다 함께 결합한 문화예술 단지다. 홈페이지를 보면 바비칸 센터로 들어가는 입구를 네 개의 코스로 상세하게 안내하는데 더 많은 사람이 공공 도서관과 문화예술 공간을 자유롭게 이용하게 하려는 의도가 엿보인다. 세 개의 영화관과 두 개의 갤러리, 런던 심포니 오케스트라의 홈 공연장과 바비칸 시어터, 그 외에도 두 개의 극장이 더 있는데 어마어마한 규모라 다 파악하기 힘들 정도다. 다양한 음악공연을 비롯해 문화예술 공연과 행사가 바비칸 센터의 목적에 맞게 유기적으로 진행되고 있다. 좀 더 살펴보면 고대 런던의 중심지이자 현재 런던 금융 중심지인 '시티 오브 런던' 행정구역에 포함된 어린이 도서관과 음악 도서관에서는 주민들의 커뮤니티 형성을 적극적으로 지원하고 있다.

바비칸 센터는 다른 박물관에 비해 패밀리 워크숍이 많지 않다. 그래도 전시와 연관 있는 드롭인 형식의 이벤트와 런던 심포니 오케스트라에서 주최하는 워크숍이 꾸준히 진행된다. 나는 장님이 코끼리를 만지듯 바비칸 센터에서 벌어지는 일 중에 극히 일부만을 경험했다. 아마 앞으로 한두 번 더 방문해봐야 그곳의 시스템을 정확하게 파악할 수 있을 것 같다. 그런데도 그곳에서 받은 심미적 자극은 다른 어떤 곳보다 강렬하고 인상적이다.

런던의 미래 모습이라면

연극과 음악 공연, 전시가 많이 열리지만 뭐니 뭐니 해도 바비칸 센터는 건물 자체가 문화유산이다. 그러다 보니 '커다란 바비칸 센터에서의 모험Big Barbican Adventure'이라는 제목으로 트레일이 준비되어 있다. 이 트레일은 커다란 종이 한 장으로 된 그림지도와 같다. 하지만 이것만으로는 커다란 바비칸 센터 구경이 재미있지는 않다.

엄청난 규모의 바비칸 센터를 어떻게 하면 쉽고 재미있게 알아갈 수 있을까? 그래서 선택한 것이 '바비칸 투어Explore Barbican Tours'다. 참가자 나이에 제한이 없으니 내가 아이가 잘 따라다닐 수만 있다면 참가해볼 만하다. 예약을 마치고 정해진 시간에 약속 장소에서 기다렸다. 잠시후 사람들이 모여들었다. 저 멀리서 훤칠한 키에 단정하게 옷을 입은 멋쟁이 남성이 걸어왔다. 투어를 진행할 강사다. 핫! 멋쟁이 런더너들과 함께 투어를 할 수 있다니!

사실 나에겐 그것만으로도 그날의 투어는 대성공이었다. 냉정해 보이는 브루탈리즘 건물이 제법 쌀쌀한 날씨와 어우러져 오묘하고도 매력적인 분위기를 연출했다. 투어 중간에는 바비칸 콘서바토리Barbican conservatory에 들어가 휴식을 취하며 몸을 녹일 수 있다. 열대 식물로 가득한 그곳은 전혀 다른 나라에 온 듯한 느낌을 준다. 이곳은 유행을 선도하는 젊은 런더너들에게 인기가 많다고 한다. 주말이면 파티도 열고 결혼식 장소로도 사용되는 이색적인 장소인데 바비칸 콘서바토리 투어도 진행된다고 한다.

투어는 솔직히 말해 눈치로 알아들은 것 반, 알아듣지 못한 것 반이었다. 하지만 투어가 아니면 가보지 않았을, 아니 못 가봤을 바비칸 센터의 구석구석을 둘러보는 일은 매우 흥미로웠다. 마치 미로를 찾아가는 느낌이었다. 콘크리트 외벽을 노출한 브루탈리즘 건축양식을 거슬려 하는 사람도 있다지만, 나는 건물 외관에서 느껴지는 차가운 듯한 매정함을 애정한다. 강사의 얘기를 들으며 참가자들과 천천히 보폭을 맞추었던 워크숍은 아련해서 더욱 몽환적이고 아름답게 기억에 남는다. 그런 기쁨을 맛볼 수 있도록 열심히 따라와 준 태영이에게 감사하다고 꼭 전하고 싶다. 항상 그랬다. 태영이를 핑계로 참가했던 수많은 워크숍은 오히려 내가 더 많이 배우고 즐기는 시간이었다.

    템스강을 건너 서북부에 밀집한 내셔널 갤러리나 서머싯 하우스 같은 고전적 건물에서 런던의 과거 모습을 볼 수 있다면, 밀레니엄을 기념하여 재탄생한 강 건너 남쪽에 있는 테이트 모던은 런던의 현재 모습을 상징한다. 그렇다면 바비칸 센터는 런던이 나아갈 미래의 모습을 상징할까? 제2차 세계대전 때 독일군의 폭격으로 모든 것이 파괴된 이곳에 '바비칸(성을 방어하기 위한 탑이라는 의미)'이라는 이름을 달고 1982년 대중에게 공개되었다. 30년이 넘는 시간이 흘렀지만, 아직도 바비칸 센터는 영화 〈블레이드 러너〉에서 보여준 매력처럼 심오하고도 기괴한 분위기를 뿜어내며 유행을 선도하는 젊은 세대의 인기를 독차지한다.

    고전 양식의 건물에 익숙한 사람에게는 이 센터가 여전히 낯설고 못생긴 모습으로 다가온다. 로마제국의 통치를 받았던 시절에 세워진 런던 월London Wall과 인접한 이곳에 성냥갑이 겹겹이 쌓여 있는 듯한 거친 콘크리트 건물은 과거의 모습과도, 지금의 모습과도 융화되지 못하고 이질적으로 보이기도 한다. 하지만 차갑고 거친 콘크리트 건물에 조명이 더해지고 물이 흐르고 풀과 나무가 더해졌다. 건물 내부에도 커다란 규모의 바비칸 온실을 만들어 놓고 인간이 만든 건축물 사이에서 이산화탄소를 흡수하며 적절히 자연과의 균형을 맞추고 있다. 만약 바비칸 센터에 건물만 우두커니 있었다면 모래바람 흩날리는 미래 영화만큼이나 황량했을지도 모른다. 자연이 함께 하기에 실용적이고 간결하지만 거친 이 건축물의 매력이 돋보이는 것은 확실하다. 정원 하나 없고 나무 한 그루 없다면 아무리 멋진 건축물이라 해도 지금처럼 사랑받지 못했을 것이다. 영화 〈매드맥스〉 속 대사 '희망이 없는 세상에서 더 나은 삶을 위해 우리는 어디로 가야 하는가?'의 답은 자연의 보전과 회생일 것이다. 평범하지 않은, 영화 같은 미래의 런던을 보고 싶다면 꼭 방문해보라고 권하고 싶다.

　　바비칸 센터에 어린이가 참여할 만한 워크숍이 많지 않아서 아쉽다면 뮤지엄 오브 런던Museum of London을 일정에 함께 넣으면 좋을 것이다. 천천히 걸어도 바비칸 센터에서 15분이면 갈 수 있을 정도로 가깝고, 어린이를 위한 워크숍이 많이 열린다. 걸어가는 길에 런던 월과 더불어 런던 금융가의 중심을 구경할 수 있다. 런던의 또 다른 모습, 전통을 고수하는 사람들과는 다르게 현대적 모습을 선호하는 사람들에 의해 만들어진 곳이다. 다양성과 다문화가 혼재하는 속에서도 애써 전통을 고수하는 나이 든 런던이 아닌, 젊음과 변화를 수용하고 허락하는 지금 런던 모습을 이해하는 데 도움이 될 것이다.

무대 위에서도 빛나는 배우

《타임아웃 런던Timeout London》을 읽다가 바비칸 시어터에서 열리는 〈햄릿〉공연에 베네딕트 컴버배치가 햄릿 역할을 맡게 되었다는 기사를 보고 눈이 번쩍 띄었다. 인기 절정의 배우, 셜록을 연기한 배우를 직접 볼 수 있다니! 하지만 바로 이어지는 마지막 기사는 이미 공연 표가 매진됐다는 것이었다. 이럴 수가!

몇 달 후 기차역에서 무료로 들고 온 신문에서 햄릿 공연 정보를 또 보았다. 공연 당일에 바비칸 센터에서 선착순으로 일부 표를 판매한다는 정보였다. 그래, 무조건 일찍 가야 한다! 굳은 각오로 잠이 들었지만 예정보다 늦은 새벽 6시 30분에 집을 나섰다. 나는 표를 못 살까봐 몹시 불안했다. 태영이는 비몽사몽인 채로 내 손을 잡고 거의 끌려오다시피 했다. 마음이 급했다. 바비칸 센터에 도착하니 오전 8시 40분. 아뿔싸. 벌써 30명 정도의 사람들이 자리를 잡고 앉아 기다리고 있었다. 오전 11시가 넘어서야 드디어 관계자가 나타났다. 그는 사람들을 한 명 한 명 매표소로 데려갔다. 손에 땀이 날 정도로 긴장되는 순간이었다. 조금 더 일찍 왔어야 했다는 자책이 이어질 때쯤 너무나도 다행스럽게 내 순서가 왔다. 값싼 표는 놓쳤지만, 내 손에 표가 들어온 순간 하늘을 날 듯이 기뻤다.

공연 표가 비싼 만큼 자리는 무대와 가까웠고, 베네딕트 컴버배치 연기를 자세히 볼 수 있었다. 야호! 그는 진지했다. "현재까지 가장

도전적인 영화 또는 연극이 무엇이냐?"는 기자의 질문에 그는 '햄릿'이라고 대답했다. 그는 체력적으로도 힘들었을 3시간의 공연을 훌륭하게 소화해냈다.

공연을 본 것만으로도 충분했던 날, 더 큰 행운이 찾아왔다. 집에 가는 길이었는데 어디선가 함성이 들렸다. 먼저 태영이에게 양해를 구했다. "엄마는 저기 금방 다녀올 거니까, 태영이는 여기에 가만히 꼭 서 있어야 해!" 걱정스러운 마음에 등이 서늘했지만, 소리가 들리는 쪽을 향해 본능적으로 돌진하여 인파를 뚫었다. 으악, 저 멀리 베네딕트 컴버배치가 서 있었다. 공연 책자를 든 손을 힘껏 내밀며 그의 이름을 외쳤다. "베네딕!" 순간 그와 눈이 딱 마주쳤는데, 그는 눈을 부라리며 아주 엄격하게 나에게 말했다. "내가 지금 이 사람에게 사인을 해주고 있는 것이 안 보이십니까?" 눈물이 핑 돌 정도로 창피했다. 낙심하던 찰나에 그는 내가 들고 있던 공연 책자를 가져가서 사인을 해주었다. 믿을 수 없었다. 혼이 났지만, 사인을 받았으니 기뻐해야 하는가. 태영이에게 냉큼 뛰어갔다. "태영아, 엄마 사인 받았어!" 기쁨을 나눌 수 있는 태영이가 옆에 있어서 더 행복했다.

　　최정상의 인기를 누리는 배우라면 출연료를 많이 받고 시청률 높은 TV 프로그램에 얼굴을 보인다거나 광고에 출연하는 게 일반적이다. 그러나 베네딕트 컴버배치뿐만 아니라 몇몇 유명 배우들의 행보는 나의 선입견을 깨트렸다. 유명한 애니메이션에 목소리를 더빙하는 게 아니라 명성을 얻은 후에도 BBC 방송국에서 라디오 드라마를 녹음한다. 이제 한국에서는 라디오 드라마를 듣기조차 어려울 정도인데, 영국에서는 아직도 라디오로 드라마를 청취하는 사람들이 많은가 보다. 어쩌면 청취자가 많지 않아도 그들의 문화를 계승하려는 고집일지도 모른다. 그것이 공영 방송국의 역할일 것이다.

공짜가 주는 행복

　《메트로》, 《런던 이브닝 스탠더드》는 공짜로 나눠주는 타블로이드 신문이다. 메트로는 월요일부터 금요일 오전에, 런던 이브닝 스탠더드는 오후에 전철역이나 기차역에서 공짜로 배포된다. 매주 금요일은 《라이프 스타일 매거진》과 《이브닝 스탠더드 매거진》을 함께 준다. 《타임아웃 런던》도 전철역에서 공짜로 나눠주거나 카페나 호텔 등에 무료로 놓여 있는 잡지인데 런던에서 벌어지는 각종 문화 행사와 인기 있는 장소에 대한 정보가 빼곡히 실려 있다.

화요일 오전 런던 지하철역에서는 《타임아웃 런던》을 나눠주는 사람을 만날 수 있고, 월요일부터 금요일 오후에는 《이브닝 스탠더드》를 나눠주는 사람들을 만날 수 있다. 그냥 쌓아두면 알아서 집어갈 텐데 굳이 사람이 나눠줄 필요가 있을까, 인력 낭비라는 생각이 들기도 한다. 하지만 일자리가 없는 사람들이나 저임금 노동자들에겐 꼭 필요한 세심한 정책인 듯도 하다.

공짜로 나눠주는 것은 우선 받고보는 게 상책이다. 앱을 설치해서 볼 수도 있지만 아직 종이로 된 책이나 신문을 보는 것이 좋다. 종이의 질감을 느끼며 넘기는 재미도 있고, 마음에 드는 기사나 사진을 북 찢어서 방에 붙여놓거나 지갑 속에 넣고 다니기에는 종이가 딱이다.

사우스뱅크 센터
Southbank Centre

　　사우스뱅크에서 만나는 페스티벌은
우리가 흔히 알고 있는 것과는 조금 다르다.
사우스뱅크는 우리가 사는 공동체 안에서 더
나아가 세상에서 벌어지는 현상에 대해 좀 더
깊이 생각해보고 공유할 필요가 있는 주제를
페스티벌로 기획한다. 아무리 심각한 주제라
할지라도 다양한 형식의 예술이 더해져 페스
티벌이란 형식을 갖추면 많은 사람과 공유할
기회가 생긴다. 더 나아가 함께 고민해 볼 수
있는 계기가 된다. 사우스뱅크 센터 페스티벌
은 연중 내내 다른 주제로 진행된다.

무료인 행사도 있고 유로인 행사도 있는데 장르와 세계를 넘나들며 다양한 예술 형식으로 주제를 선보인다. 물론 어떤 일을 기념하거나 축하하기 위해 흥겨운 페스티벌이 열리기도 하지만 모든 페스티벌에 흥겨운 분위기가 연출되지는 않는다.

2012년 사우스뱅크 센터에서 열린 축제는 '세계의 축제Festival of the World'라는 이름으로 기획되었다. 이 축제를 기획한 사우스뱅크 센터의 아트 디렉터 주디 캘리Jude Kelly는 이렇게 말했다.

"예술이 전 세계 사람들의 삶에 어떤 변화를 가져올 수 있을까요? 세계는 아주 크고 복잡한 곳입니다. 그런 세계를 기념하는 축제를 기획한다는 것은 제정신이 아니거나 과장된 발상처럼 보일 수 있어요. 왜냐하면 세상 속에는 너무나 많은 측면이 있고 그중 어떤 것은 축하할 만하지만, 어떤 것은 비통하기 때문입니다. 하지만 우리의 삶을 더욱 풍요롭게 하고 모두를 좀더 평등하게 만들어주는 발상이나 사람들은 우리에게 영감을 줍니다. 그러한 영감으로부터 기획된 축제에서 만나는 예술은 사람들에게 자신의 운명을 새로운 방식으로 만들어갈 수 있다는 인식을 갖게 해줍니다. (이하 생략)"

예술이 사람들의 삶에 놀라운 변화를 준다는 주디 캘리의 믿음은 사우스뱅크 센터의 경영 이념의 중요한 바탕이다. 그 경영 이념을 바탕으로 수많은 페스티벌이 기획되고 진행되고 있다. 사우스뱅크 홈페이지에 들어가 페스티벌을 검색하면 말문이 막힐 정도로 그 수와 종류가 많다. 신념을 실현하고자 노력하는 사우스뱅크 센터에서 일하는 사람들의 열정에 박수와 응원을 보낸다.

사우스뱅크 센터가 위치한 템스강 남쪽 서더크 구는 런던의 33개 자치구 가운데 가장 가난한 동네였다. 하지만 1951년에 열린 '영국의 축제Festival of Britain'는 서더크 지역을 문화 예술의 중심지로 변신시키는 시발점이 되었다. 그리고 밀레니엄 프로젝트인 밀레니엄 브리지와 '런던 아이'라고 알려진 밀레니엄 휠의 완공으로 서더크 지역에 활력을 불어넣기 시작했고, 무엇보다 2000년에 개관한 테이트 모던의 성공은 서더크 지구의 든든한 경제적 기반이 되어주었다. 서더크 지구에서도 가장 가난한 동네인 페컴에 개관한 페컴 도서관Peckham Library에서 진행되는 문화 활동과 사우스뱅크 센터에서 열리는 다양한 무료 행사로 사람들은 용기를 얻고 희망을 찾아간다. 이 외에도 런던 IMAX 영화관과 영국의 대형 방송사 ITV가 있는 곳이기도 한 이 지역은 이제 365일 활기가 넘치는 곳으로 변화하였다.

어린이들을 위한 무한 상상 마당

"12일 간의 즐거움을 만끽하세요."

2월 중간방학 12일 동안 사우스뱅크 센터는 어린이만을 위한 축제의 장으로 변신한다. 아이들은 재미있는 워크숍과 기발하고 창의적인 이벤트에 자유롭게 참여해, 놀고 생각하며 문화와 예술을 만끽한다. 축제 기간 동안 하루에 평균 10개 이상 이벤트가 진행되다 보니 계획을 짜기가 어렵게 느껴질 수도 있다. 그래서 나는 우선 굵직한 워크숍과 공연을 인터넷으로 예약해놓고 공연 당일 일찍 사우스뱅크 센터에 갔다.

　　주최 측에서 준비한 '이매진 칠드런스 페스티벌Imagine Children's Festival'
안내서를 받아 바닥에 펼쳤다. 일정표가 그려진 안내서를 아이와 함께
보면서 그날 참여해보고 싶은 이벤트에 동그라미를 치며 시간순으로 정
리했다. 그러나 다시 보니 못 본 것들이 너무 많다. 단순히 영어의 문제
가 아닌 듯하다. 마음의 여유가 없을 때는 같은 것을 봐도 못 보고 지나
치는 것이 많아진다. 그 당시 아직 많은 게 낯설었고 주어진 시간 안에
최대한 많은 것을 해야 한다는 욕심이 눈을 멀게 했을지도 모른다. 일정
표를 꼼꼼히 보지 못해 놓쳐버린 이벤트가 있다고 해도, 그 외의 것을 얻
고 그로 인해 즐거웠으니 됐다.

해마다 다른 주제와 기획으로 예측할 수 없는 이벤트가 열리지만, 문학과 음악은 빠지지 않는다. 음악의 경우 비트박스 공연을 비롯해 컨템포러리 음악과 재즈에 이르기까지 장르를 넘나들며 다양하게 펼쳐진다. 특히 사우스뱅크 신포니아와 런던 필하모닉 오케스트라가 아이들 눈높이에 맞춘 특별한 공연을 펼친다.

문학과 음악 외에도 '왜 인간은 인간을 죽일 수 있는 무기를 개발했을까?', '왜 더 많은 집을 공급하지 않는 걸까?', '왜 친한 친구와 같은 학교에 다닐 수 없죠?' 등 함께 생각해봐야 하지만 어려울 수 있는 주제에 대하여 초대 손님과 함께 토론하는 행사도 진행된다. 또한 책이나 옷을 나누는 장소가 마련되기도 하고, 노래하고 춤을 추는 자잘한 이벤트부터 패션디자이너와 작업을 하고 런웨이를 걸어보는 특별한 이벤트까지 진행된다. 10~12세 사이 어린이들을 대상으로 자신의 이야기를 들려주는 '라이브 스토리텔링 경쟁 대회StorySLAM Live'나 '칠드런 북 어워드Children's Book Award'가 열리기도 한다. 행사는 해마다 다르게 열리니 참고하자.

2월 중간 방학 기간은 한국의 봄방학과도 겹치는 시기다. 만일 2월에 런던 여행을 계획하고 있다면, 꼭 사우스뱅크 센터에서 열리는 이매진 칠드런스 페스티벌의 열기를 느껴보길 바란다. 장담하건데 넘쳐나는 상상력과 기발한 아이디어로 기획된 이벤트가 곳곳에서 아이들을 기다리고 있을 것이다.

작가와의 만남

　2014년에 열린 이매진 칠드런스 페스티벌에서는 40여 명의 일러스트레이터와 작가가 워크숍에 참여해 페스티벌을 빛냈다. 인기 작가들은 신간 출간에 맞추어 북 토크를 진행했고, 작가와 함께하는 책 만들기 워크숍도 열렸다. 주인공을 어떻게 탄생시키는지, 이야기를 어떻게 구성하는지 작가에게 직접 듣고, 아이들은 서로 생각을 나누기도 하고 스스로 이야기를 창작해보는 시간을 갖는다. 《찰리 앤 로라》의 작가 로렌 차일드를 비롯하여 앤서니 브라운, 제클리 윌슨 등 평소 좋아하는 작가를 만날 좋은 기회다.

《호기심 대장 헨리》는 태영이가 좋아하는 책이었다. '불공평해!' 란 말을 입에 달고 사는 장난기가 많다 못해 지나친 헨리의 이야기다. 거침없이 하고 싶은 말이나 행동을 하는 헨리를 보며 주인공 또래의 어린이들이 대리 만족을 해서일까? 많은 어린이의 사랑을 듬뿍 받는 책이다. 때마침 새로운 시리즈 발간을 맞아 이매진 칠드런스 페스티벌 행사 중에 책 발표회가 열린다는 정보를 접했다. 좋아하는 작가 프란체스카 사이먼Francesca Simon을 직접 만날 수 있다는 기대감으로 태영이는 무척 신이 났다.

작가는 무대에 올라와 어린 시절 이야기와 작가가 된 과정, 헨리의 탄생 배경 등 독자들이 궁금해 했던 이야기들을 하나하나 들려주었다. 나는 헨리에 대해 애정이 없었으나 무대 맨 앞에 앉아 작가의 이야기를 듣다 보니 어느 순간 전에 없던 책에 대한 애정이 샘솟았다. 그렇다고 나중에 다시 그 책을 읽지는 않았다. 책도 읽어보지 않은 내 마음이 이렇게 동요됐는데 태영이의 마음은 어느 정도였을지 짐작이 간다. 발표회가 끝나고 사인회가 이어졌다. 태영이는 마침 집에서 챙겨온 책이 있어 사인을 받고, 작가와 악수를 할 수 있었다. 손에 달고 다니던 책, 자신이 너무나 좋아하던 책의 주인공을 탄생시킨 작가를 만난다는 일은 근사한 일이다.

　하지만 어느덧 고등학생이 된 요즘 딸의 생활을 보면 책 읽을 시간이 없다. 학교 공부도 중요하지만, 좋아하는 책을 한 달에 한 권과 마음속에 만나고 싶은 작가가 한 명쯤 있으면 좋을 텐데 싶다.

펀 하모닉

"런던 필하모닉 오케스트라 단원들이 가장 좋아하는 연필은 2B 연필입니다. 2B 연필을 여러분에게 강력하게 추천합니다."

무슨 뚱딴지같은 소리인가 싶다. 공연 안내 책자에 적힌 런던 필하모닉에 대한 소개는 이렇게 뜬금없다. 이 글을 아이들은 좋아할까? 잘 모르겠다. 좌우지간 런던 필 하모닉 오케스트라의 '펀하모닉Funharmonics'공연은 철저하게 아이들이 클래식 공연을 쉽게 이해하고 관람할 수 있도록 기획된 것이다.

관람하는 아이들은 공연 내내 자유로웠다. 아이들에게 정숙한 공연 관람 예절을 강요하지 않고 자유로운 분위기 속에서 클래식을 감상하게 내버려두었다. 소리를 지르는 아이도 있고 의자에서 일어나는 아이도 있었다. 처음부터 어린아이들에게 움직이지 말고 음악을 감상하라는 요구는 고문이나 다름없다. 또한 공연의 호흡을 짧게 짧게 진행해서 아이들이 지루하지 않도록 배려하였다. 무대 뒤 화면에서는 음악과 관련된 일러스트와 애니메이션을 함께 상영해주어서 시각적으로도 재미를 더했다.

같은 날 이른 오전부터 오후까지 로열 페스티벌 홀에서도 다양한 이벤트가 진행된다. 그러니 공연 표를 구하지 못해 공연을 못 봤다고 실망할 필요는 없다. 공연 당일 로열 페스티벌 홀에 놀러가기만 하면 무료로 다양한 활동에 참여할 수 있다.

우리는 '악기를 연주해봐요 Have-a-Go Instruments' 활동을 통해 생소한 클래식 악기를 직접 연주해볼 수 있었다. 관악기, 타악기, 현악기까지 줄을 서서 기다릴 인내심만 있다면 필하모닉 단원들의 세심한 가르침을 받아볼 수 있다. 기다린 시간에 비하면 연주 시간은 너무 짧지만, 악기를 연주해보고 궁금한 점을 질문할 수 있다. 무엇보다 경험이 많은 현직 단원의 말 한 마디나 조언은 음악인을 꿈꾸는 아이들에게 소중한 추억이 될 것이다. 아이들이 존중받고 있다고 느낄 만큼 단원들은 아이들 한 명 한 명에게 매우 친절했다. 이맘때 태영이는 바이올린과 첼로 중에 어떤 악기를 배울까 고민하고 있었는데, 그 활동을 통해 두 악기를 다 연주해볼 수 있었고 단원에게 조언을 구했다. 조언은 짧고도 명확했다. "아이가 원하는 대로 해주세요." 태영이는 결국 바이올린으로 결정했다. 스스로 한 이 작은 결정이 앞으로 어떤 시행착오를 겪는다 할지라도 마음이 단단해지는 계기가 될 것이다.

잠들지 않는 사우스뱅크의 페스티벌

영국은 봄에는 부활절, 여름은 계절을 만끽하는 각종 행사, 가을은 핼러윈 준비로 분주하다. 그중에 뭐니 뭐니 해도 겨울의 크리스마스가 가장 큰 명절이자 행사이다. 10월 31일 핼러윈이 끝나자마자 11월 1일부터 백화점이나 슈퍼마켓에서는 크리스마스 관련 물건을 팔기 시작한다. 특히 영국의 겨울은 오후 3시면 날이 어두워지는데 11월 초부터는 길가에 켜지는 크리스마스 장식이 환하게 거리를 밝혀준다. 이것을 '스위치 온 이벤트The Switch-On Event'라고 부르는데, 크리스마스 장식이 켜지는 날에 옥스퍼드 스트리트나 대형 트리로 유명한 트라팔가르 광장 같은 관광 명소에서는 교통을 통제하고 문화 공연이 열린다.

내가 살던 동네에서도 11월 마지막 주 스위치 온 이벤트를 하는
날에는 동네 교회에서 크리스마스 마켓을 열고 썰매를 탄 산타할아버지
와 각종 단체가 퍼레이드를 했다. 영국의 겨울은 낮이 짧고 뼛속을 파고
드는 추위 때문에 관광하기 적당하지 않다고 하지만, 평생 한번쯤은 꼭
11월과 12월 사이에 런던을 방문하라고 추천하고 싶다. 여기저기에서
열리는 크리스마스 마켓, 실외 스케이트장과 크리스마스 장식 등 추위
만 이겨낸다면 1년 중 가장 아름다운 영국을 볼 수 있다.

고조되었던 분위기는 크리스마스 당일인 12월 25일이 되면 온 런던이 잠을 자듯 고요해진다. 일반적으로 오전에 예배를 보고 집으로 돌아와 크리스마스 점퍼Christmas Jumper를 입고 준비한 음식을 가족과 먹으며 크리스마스 크래커Christmas cracker를 잡아당겨 터뜨리고, 오후 3시 BBC 1이나 ITV 1을 통해서 방영되는 엘리자베스 여왕의 성탄 메시지를 든는다. 연인과 함께 사람들로 북적이는 번화한 거리 어딘가에서 크리스마스를 보내는 우리와는 또 다른 크리스마스 풍경이다.

크리스마스 기간에는 사우스뱅크 센터에서도 특별하고 다양한 행사들이 많이 열린다. 11월 말부터 크리스마스이브까지 퀸스워크에서는 독일식 크리스마스 마켓이 열린다. 마켓 스톨이라고 불리는 매점들은 지붕이 뾰족한 목조 주택처럼 생긴 가판대인데 템스강변을 따라 늘어서 있으며, 맛있는 음식과 겨울에만 볼 수 있는 수공예품들을 판매한다. 마치 크리스마스 카드 속을 걷는 듯한 착각이 들 만큼 주위의 아름다움에 현실감이 없어진다. 1월 초가 되면 크리스마스 장식은 하나씩 정리가 된다. 그때만큼 슬플 때가 없다.

찬바람이 어느 정도 사그라지고 마른 가지에서 푸르른 새싹이 돋아나는 4월 즈음에 사우스뱅크 센터에 가면 벌러덩 누워 있는 커다란 보라색 소를 야외에서 볼 수 있다. 눈에 띄는 커다란 소에 궁금증을 갖지 않을 수 없게 된다. 보라색 소의 정체는 '언더밸리 페스티벌Underbelly Festival'의 마스코트로 가을이 시작되는 9월까지 보라색 소 주변은 음악과 즐거움이 넘쳐난다.

대표적인 행사로는 라이브 서커스, 라이브 코미디 쇼가 있다. 대부분의 코미디 공연은 스탠딩 쇼이다 보니 나에겐 생소하지만, 영국인들에게는 인기가 상당하다. 코미디언이 무대에서 혼자 재치 있는 말로 관객을 웃기는 형식이다 보니 영어를 진짜 잘 하지 않고는 남들이 웃을 때 함께 웃을 수가 없다. 그래도 보라색 소를 보게 된다면 그냥 지나치지 말고 그곳에 들러 축제의 분위기를 느껴볼 만하다. 많지는 않지만, 어린이들을 위한 코미디 공연도 열리고 야외에 카페도 차려진다. 매년 조금씩 다르기는 하지만 놀이기구도 운영된다. 많은 대중이 즐길 수 있도록 대부분의 공연료는 20파운드 이하다.

영국은 비가 많이 내리고 맑은 날보다 흐린 날이 대부분이라고 알고 있지만, 실제로는 햇빛이 비치는 날이 적지 않다. 맑고 깨끗한 대기 속에 비치는 여름 햇살은 더욱 아름답게 돋보인다. 일 년 중 여름이 길지 않은 만큼 여름을 즐기기 위해 여기저기에서 행사가 많이 열린다. 사우스뱅크 센터에서는 '섬머 페스티벌Summer Festival'을 준비하고 화려하게 여름을 시작한다. 여름의 쨍한 햇볕을 온몸에 저장하고 페스티벌로 얻은 에너지로 겨울을 이겨내도록 기발하고 유쾌한 이벤트가 준비되어 있다.

　〈라운드 어바웃Round About: Our Teacher's A Troll〉은 섬머 페스티벌 중에 본 연극 공연이다. 커다란 원형 돔 위에 천막을 쳐놓은 임시 건물, 동그란 무대를 관객석이 빙 둘러싸고 있었다. 실망스럽게도 연극의 등장인물은 평상복을 입은 성인 두 명뿐, 커다란 트롤 옷을 뒤집어쓴 인형이 나올 거라는 예상은 빗나갔다. 상상력을 많이 필요로 하는 실험적인 연극으로 배우들의 연기와 소리, 조명으로 모든 것을 표현했다. 아마 머릿속으로 상상하는 트롤의 모습은 관객마다 달랐을 것이다.

　섬머 페스티벌 기간에만 만들어진 '비노타운Beanotown'은 영국의 만화 주인공 비노가 사는 마을을 사우스뱅크 센터 안에 만들어 놓은 것이다. 비노타운에서는 탁구를 하고, 스티커 사진도 찍고, 그림도 그리고, 편안한 의자에 앉아 TV와 책으로 《비노》만화를 즐길 수 있었다. 그중에서도 태영이는 탁구를 하러 비노타운에 다시 가고 싶어 했다. 탁구가 나에게는 전혀 특별하지 않았는데, 아이와 나의 관심사가 이렇게 다를 수 있다는 사실이 새삼 놀랍다.

BBC Proms

영국으로 올 때 언니는 도움이 필요하면 연락하라며 영국에 사는 친구 전화번호를 줬다. 언니의 친구에게 괜히 부담되지 않을까 싶어 연락을 하지 않다가 어느 정도 안정을 찾은 뒤에야 전화를 걸었다. 서먹한 사이였지만 조언을 구할 게 많아 나의 질문은 계속 이어졌다. 오래전에 영국에 정착한 언니 친구는 친절하게 답변해주었다. 잠시 질문이 끊어진 틈을 타 언니 친구가 나에게 물었다. "프롬스에 가 보셨나요?" 나는 프롬스의 정체를 짐작할 수 없었다. "여름에 열리는 클래식 연주회예요, 꼭 한번 가보세요."

그렇게 시간이 지나고 어느 날 동네 서점에 들렀다. 낯익은 글자가 인쇄된 책들이 책방 한자리를 차지하고 있었다. 먼저 책표지에 적힌 익숙한 BBC 글자가 눈에 들어왔고, 함께 적힌 단어를 읽어보니 'P.R.O.M.S'였다.

프롬스에 가보기로 마음먹고 홈페이지에 들어갔다. 7월에서 9월까지 약 두 달 동안 70개가 넘는 공연이 안내되어 있고, 날짜 순서대로 공연 이름 앞에 'PROMS 1, PROMS 2… PROMS 75' 숫자가 붙어 있다. 갈 수 있는 날짜를 우선으로 공연을 선별하고, 적당한 가격대 표를 예매했다. 어떤 공연을 볼지는 나중 일이었다. 일단 프롬스를 경험해보는 것이 목적이었다. 공연 당일이 되자 갖고 있는 옷 중에 그래도 가장 클래식 공연에 어울릴 것 같은 옷으로 골라 멋을 내고 로열 앨버트 홀 Royal Albert Hall로 갔다.

프롬스에는 프로머가 있다

공연이 열리는 로열 앨버트 홀 내부는 로마에 있는 콜로세움과 흡사했다. 이층에 앉아 내려다보니 원형극장 한쪽에 공연을 위한 무대 가 마련되어 있고, 무대와 간격 없이 바로 앞에 사람들이 꽉 차 있었다.

의자도 없이 무대 앞에서 바글거리는 저 사람들의 정체가 몹시 궁금했다. 공연이 시작되자 그 사람들은 제각각 원하는 자세로 자리를 잡았다. 무대 맨 앞 난간에 기대서서 거의 넋을 잃고 공연을 지켜보는 할머니, 서서 듣는 사람, 담요를 깔고 누워 와인을 마시는 남성, 쭈그리고 앉아 머리를 아래로 향하고 있는 여인, 어깨를 맞대고 꼭 붙어 있는 커플까지. 정말이지 대단한 문화 충격이었다. 이것은 클래식 공연이 아니던가? 복장이야 자유로울 수 있다고 해도 의자에 앉아 정중하게 감상해야 하는 게 아닌가? 놀란 내색을 안 하려고 애썼지만, 아래층에서 펼쳐지는 모습을 보느라 공연은 뒷전이었다.

특별한 풍경이 또 하나 있다. 로열 앨버트 홀 바깥에 사람들이 줄을 길게 서서 기다리는 모습을 보게 됐다. 궁금증을 풀어줄 단서가 없나 주위를 살피니 안내판이 눈에 들어왔다. 안내판에 적힌 문구는 '아레나 구역 당일표 판매, 한 사람당 한 장 구매 가능, 가격 5파운드, 현금 결제만 가능.' 5파운드면 아무리 높은 환율로 계산을 해도 만 원이 안 되는 돈이다. 대략 8주 동안, 32일간 70~80회 공연이 열리니 보고 싶은 공연이 딱 하나는 아닐 것이다. 5파운드라면 하루에 하나씩 공연을 본다고 해도, 열 번 넘게 공연을 본다고 해도, 크게 부담이 되지 않는 가격이다. 보통 프롬스 공연 티켓은 100파운드부터 6파운드까지 다양한데 저렴한 가격대 표는 금방 매진이 된다고 하니 놓치기 아까운 기회가 분명하다.

알고 보니 '아레나 구역'은 의자 없이 자유롭게 음악을 감상하던, 나를 놀라게 한 무리가 가득했던 무대 바로 앞 공간이었다. 아레나 구역 말고도 맨 위층 발코니에 있는 '갤러리 구역' 역시 의자 없이 준비해온 담요를 바닥에 깔고 앉거나 누워서, 혹은 발코니 난간에 기대어 공연 관람이 가능하다. 이런 청중을 '프로머Prommer'라 부른다.

1895년 공연 기획자 로버트 뉴먼Robert Newman은 저렴한 입장료에 먹고 마시고 돌아다니며 흡연이 허락되는 클래식 공연을 기획한다. 그는 일반 대중에게 다가가기 쉬운 연주회로 클래식을 접하도록 유도하여 점진적으로 대중의 취향을 끌어올리겠다는 포부를 전했다. 그렇게 탄생한 공연이 바로 프롬스다. 지휘자인 헨리 우드Henry Wood는 로버트 뉴먼과 함께 프롬스가 오늘날까지 120년이 넘게 유지될 수 있도록 시스템을 정착하고 발전시키는 데에 큰 공헌을 했다. 프롬스는 대중의 소리에 귀 기울이고 세계의 변화와 함께 계속 진화하고 있다. 실력 있는 젊은 음악가, 여성 작곡가, 여성 지휘자, 비서구권 국가 음악인에게 공연 기회를 주고 대중에게 소개한다. 음악에서도 고전 클래식뿐 아니라 새롭게 만들어지는 클래식 그리고 다양한 장르의 대중음악가와 협연을 기획하여 무대에 올리기도 하고 클래식, 무용, 뮤지컬 양식을 섞어 선보이기도 한다.

클래식에 붙어 있는 겉치레를 제거하지 못한다면 클래식은 대중에게 외면받는 문화 영역이 될지도 모른다. 멋진 옷을 가지고 있지 않아도, 돈이 많지 않아도, 원한다면 누구나 귀의 호사를 누릴 수 있어야 한다. 많은 사람이 아름다운 음악을 듣고 아름다운 예술 작품을 보면서 마음을 충족할 수 있다면 돈에 연연하지 않는 세상, 각박하지 않은 세상, 좀 더 풍족한 세상이 될지도 모른다. 태영이에게 BBC 프롬스 공연 풍경을 보여줄 수 있어서 다행이다.

왕립음악대학
Royal College of Music

　　BBC 프롬스가 열리는 로열 앨버트 홀 건너편에는 성 같은 건물이 있다. 그곳은 왕립음악대학_{Royal College of Music} : RCM으로 세계에서 손꼽히는 클래식 교육기관이다. 일반 대중을 위한 연주회도 열리고 학교 안에는 클래식 박물관도 갖추고 있다. 특히 BBC 프롬스 기간에는 BBC 프롬스와 파트너가 되어 어린이들을 상대로 워크숍을 개최한다.

　　나는 일곱 살에 처음 피아노를 배웠다. 언니와 오빠는 이미 악기를 배우고 있었고, 뒤에서 지켜보면서 나도 너무 배우고 싶어서

밤에 자다 일어나 피아노를 두들겨보기도 했다. 엄마를 조르고 졸라서 그렇게도 배우고 싶던 피아노를 시작했다. 하지만 악기 배우는 것은 생각처럼 낭만적이지 않았다. 지루한 시간을 견디고 손목이 아픈 것을 참아내고 연습을 해야 원하는 곡을 연주하게 된다는 것을 어릴 적에는 깨닫지 못했다. 그 당시 피아노 선생님은 내가 피아노를 치다가 틀리거나 연습을 게을리하면 자로 때리거나 많이 화를 내셨다. 남 탓을 하고 싶지는 않지만, 조금 더 재미있게 배웠다면 어땠을까 싶다.

그 시절 내가 RCM 워크숍에 참석했으면 어땠을까 상상해보았다. 친절하고 경험 많은 강사에게 듣는 음악 워크숍이 나에게 어떤 변화를 주었을까? 워크숍에 한 번 참석한다고 해서 연습을 안 하던 내가 갑자기 돌변하지는 않았을 것 같다. 그래도 음악을 배운다는 것이 즐거운 일이며, 열심히 했을 때 누리게 될 기쁨을 알았다면 지루한 과정을 참고 이겨내지 않았을까?

RCM 스팍스Sparks는 음악을 처음 접해보거나 클래식을 배우고 있는 유아부터 청소년을 위한 워크숍으로 현직 작곡자, 지휘자, 연주자의 가르침으로 진행된다. 사실 RCM의 대표적 워크숍인 스팍스에 예약해 두고 참석 못한 가슴 아픈 사연이 있다. 워크숍 날짜를 착각해 하루 늦게 리셉션으로 갔다. 직원에게 스팍스에 참여하러 왔다고 하니 오늘은 수업이 없다는 대답을 들었다. 이럴 수가! 순간 머리가 띵하고 손이 덜

덜 떨렸다. 가방을 뒤져 미리 받은 표를 꺼내보니 확실히 워크숍 날짜는 7월 31일이 아니라 30일이었다. 어쩐지 리셉션 주변에 사람도 없고 썰렁한 분위기라 이상하다 싶었다. 가슴속에서는 눈물이 흘렀다.

　　그렇게 나의 어처구니없는 착각으로 RCM 스팍스를 놓치고 나니 어떻게 해야 좋을지 몰랐다. 실망한 아이의 마음을 어떻게 달래야 하나 막막했다. 말없이 RCM 건물에서 나와 고개를 들어보니 건너편에 로열 앨버트 홀이 보였다. 이날은 BBC 프롬스 기간이라 로열 앨버트 홀 주변은 분주했다. "태영아, 로열 앨버트 홀에 가볼까?" "응"이란 대답을 듣고, 혹시나 하는 마음으로 매표소로 갔다. 직원에게 아이와 함께 즐길 수 있는 BBC 프롬스 프로그램이 있냐고 물었다. 직원의 친절한 도움으로 8월 2일 콘서트와 8월 10일 RCM에서 열리는 '프롬스 엑스트라 패밀리' 표를 예매할 수 있었다. RCM 스팍스를 놓친 대신 알게 된 소중한 워크숍이다.

프롬스 엑스트라 패밀리는 프롬스 공연 기간에 BBC 프롬스와 RCM이 파트너가 되어 함께 진행하는 워크숍이다. 워크숍에서는 프롬스 공연에서 연주될 곡을 미리 들어 보고, 음악 일부분을 함께 연주해본다. 이 외에도 무궁무진한 기획력으로 다양한 워크숍이 열린다.

우리가 참여한 프롬스 엑스트라 패밀리에서는 자신이 연주하고 있는 악기를 가져오라고 권했다. 태영이는 한국에서 바이올린을 배우기 시작했지만, 영국에 올 때 가지고 오지 않아서 빈손으로 참석해야 했다. 이번에는 정신을 바짝 차리고 날짜를 재차 확인하고 또 확인했다. 나름 일찍 도착했는데 RCM 정문 앞에 놓인 안내판 앞에 이미 몇몇 보호자와 어린이들이 줄을 서서 기다리고 있었다. 워크숍 참가를 위해 먼 도시에서 기차를 타고 온 가족이 기억난다. 할머니는 큰 배낭을 짊어지고 있었고 기다리는 내내 손주들에게 간식과 음료 등을 꺼내주셨다. 워크숍을 기다리는 두 손주들의 모습은 진지했다. 두 소년은 음악가가 되는 게 꿈이었을까?

그렇게 30분 정도 기다리고 나서 정문이 열리고 '아마릴리스 플레밍 콘서트홀Amaryllis Fleming Concert Hall'로 들어갔다. 연주회장은 평소와 다르게 BBC 프롬스 무대로 꾸며져 있었다. 마이크를 든 진행자와 바이올린, 오보에, 첼로 연주자들이 정장이 아닌 편안한 복장을 하고 여유롭고 인자한 표정으로 아이들을 기다리고 있었다. 세 명의 연주자는 바이올린 팀, 오보에 팀, 첼로 팀의 팀장이다. 각 팀장은 아이들에게 악기 소리를 멋지게 들려주며 자기 팀으로 오라고 유세했다. 아이들은 자신이 가지고 온 악기와 상관없이 원하는 팀을 선택했다. 악기를 가지고 오지 않은 아이들은 준비된 리듬악기를 골라 원하는 팀을 선택했다.

진행자는 '뜨거운 여름 햇살 아래 이글거리는 바다와 모래사장'
과 '겨울 얼음처럼 차가운 비가 내리는 바닷가'를 잘 표현하는 음악을 만
들어보라고 했다. 미션을 받은 팀은 함께 주제에 관해 이야기를 나누고,
각자 악기를 어떻게 연주할지 의논하면서 짧은 곡을 즉흥적으로 작곡해
갔다. 작곡이 끝나자 반복해서 연습하면서 각자 맡은 부분을 익혔다. 연
습이 끝나자 관객석에 앉아 있는 보호자 앞에서 한 팀, 한 팀 연주를 했
다. 소리는 미흡했을지 모르지만, 연주하는 아이들은 모두 진지하다.

워크숍이 끝났지만 많은 사람이 무대 앞을 서성이며 떠나지를 못
했다. 연주자들과 기념사진도 찍고 궁금했던 점을 묻기도 했다. 오랜 시

간이 걸렸지만, 연주자들은 참가자의 요구를 다 들어주었다. 그 모습을 멀리서 지켜보다가 태영이와 나는 연주 홀을 나섰다. 왠지 나도 RCM 근처를 서성이게 됐다. 마침 건물에서 나오는 바이올린 연주자와 오보에 연주자를 만났다. 용기를 내어 말을 걸었다. "딸아이도 바이올린을 배우는데 악기를 가지고 오지 못했습니다. 함께 사진을 찍을 수 있을까요?"라는 나의 요청에 사진도 찍어주고 열심히 악기를 배우라며 격려도 해주었다. 바이올린 연주자 손목에 찬 보호대가 보였다. 아마 누구보다도 많은 연습량으로 생긴 손목의 통증 때문인가보다. 그런데도 어린아이들을 위해 워크숍에 참가해주었구나 싶어 고마운 마음이 솟구쳤다.

표를 사고 참여한 졸업식

　　한국과 영국은 학기제가 달라서 한국에서 5학년 2학기 9월이면 영국에서는 중학교로 진학을 한다. 태영이는 아쉽게도 중학교에 입학하기 전에 한국으로 돌아왔다. 같은 반 친구들과 오랜 시간 함께 지내며 중학교 입시 시험을 준비하다가 한국으로 돌아오느라 졸업식에도 참석을 못했다. 다시 기회를 만들어 영국으로 다시 돌아가 마지막 학년 한 학기를 다니며 졸업여행도, 졸업식도 참석할 수 있어서 그나마 다행이었지만 말이다.

　　그렇게 어렵게 다시 돌아간 영국. 이제 새로울 것도 없는 런던이지만 내가 내 삶의 주인이라고 느끼게 해준 그곳은 언제나 다시 돌아가고 싶은 곳이다. 그렇게 그리웠기에 하고 싶었던 일을 미리 계획해서 RCM 스팍스 워크숍을 예약했는데 또 놓쳤다. 혹시나 해서 다시 RCM 리셉션으로 가서 직원에게 도움을 요청했다. 아이와 함께 관람할 워크숍이나 콘서트가 있다면 추천해달라고 했다. 리셉션 직원은 서슴없이 '엔드 오브 이어 콘서트End of Year Concert and Prizegiving'를 추천해주었다. 나와 관계가 없는 학교 졸업식에 돈을 내고 구경하라고 추천을 하다니, 일반적이지 않은 경우다. 그때까지 나는 단 한 번도 가족이나 친구 외 누군가의 입학식, 졸업식 외에는 가본 적이 없었지만, 직원을 믿어보기로 했다.

　　햇살에 눈이 부시던 여름, 7월 어느 날 앤드 오브 이어 콘서트를 가기 위해 가벼운 옷차림으로 집을 나섰다. 졸업식에는 항상 두꺼운 외투를 입었던 기억 때문인지 가벼운 옷차림이 조금 어색하기도 했다. 영국의 졸업식은 여름에 열린다. 아마릴리스 플레밍 연주회장에서 진행된 앤드 오브 이어 콘서트는 간소했다. 준비한 연주회가 열리고 상장 증정과 학위 수여식이 이어졌다. 이름이 호명된 학생은 졸업장과 상장을 받으며 총장과 악수를 했다. 자부심을 느끼는 학생에게 보내는 칭찬의 눈빛과 아쉬운 마음을 갖는 학생에게 해주는 격려까지, 서로를 아끼고 존경하는 마음을 느낄 수 있었다. 수여식이 끝나고 오케스트라 연주로 마무리가 되었다.

　　한국에 돌아와 첫 조카 승준이가 어려운 과정을 이겨내고 목표했던 대학에 입학했다. 그 기쁨에 온 가족이 입학식에 함께 참석을 했다. 입시를 준비하는 학생이 있다면 목표하는 대학 입학식에 참석해보는 것도 소중한 동기부여가 될 것이다.

목적지를 가다가 길을 잃을 때가 있다. 낙담할 일이 아니다. 다른 길로 가다 보면 예상치 못했던 아름다움을 만나기도 하고 그로 인해 소중한 경험을 하게 되기도 한다. RCM 스팍스를 놓치지 않았다면 앤드 오브 이어 콘서트는 경험하지 못했을 것이다. 그들과 함께 공감하고 손바닥이 아플 정도로 손뼉을 치며 미래가 창창한 젊은 학생들에게 축복을 빌어줄 수 있었다.

문화라는 날개를 달고 좀 더 자유롭게 (Place)

　　사우스뱅크 센터와 내셔널 시어터가 위치한 템스강변에는 오늘도 이름 모를 예술가들이 노래를 부르고 연주를 하고 양동이에 비눗물을 만들어 커다란 비눗방울을 하늘에 날린다. 유유히 흘러가는 템스강의 줄기를 따라 흐르는 음악 소리와 비눗방울을 쫓아 뛰어가는 아이들의 웃음소리가 허공으로 흩어진다. 내셔널 시어터 아래쪽 공터에는 거리예술가들의 자유로운 낙서와 땅 위를 구르는 스케이트 보드 소리가 뒤섞여 주류 문화에 저항이라도 하듯 요란한 목소리를 내고 있다. 페스티벌 주제에 따라 사우스뱅크 센터 곳곳에 만들어지는 다양한 조형물을 놀잇감 삼아 자유롭게 놀 수 있는 공간은 그 어떤 놀이터나 공원에도 부족함이 없다. 무심코 지나가다가 로열 페스티벌 홀 건물에 매달려 있는 조형물을 보며 '저게 뭐지?'라는 궁금증이 생기고, 마치 자석처럼 페스티벌에 끌려가게 된다.

〔Southbank Centre, Jeppe Hein's Appearing Rooms Fountain〕

5월 말에서 9월 사이, 사우스뱅크 센터로 걸어가는 길에 멀리서 아이들의 함성이 들린다면 그건 바로 분수에서 노는 아이들의 소리다. 이 분수는 덴마크 예술가 제프 하인에 의해 만들어진 조각품 '어피어링 룸'이다. 미술 작품은 미술관 안에서 눈으로만 감상해야 한다는 고정관념에서 벗어나 온몸으로 체험할 수 있음을 알게 해주는 작품이다. 그러나 이 분수가 미술 작품이라고 아는 사람이 몇 명이나 될까? 많은 사람이 작가의 의도까지는 알아채지 못한다. 그저 재미있는 물놀이 기구일 뿐이다. 하지만 나처럼 그 누군가도 시원한 물줄기를 뿜어내는 분수를 통해 작가의 아이디어를 공유하고 작가의 이야기에 귀 기울일 것이다.

제프 하인의 분수는 템스강 줄기를 따라 펼쳐지는 풍경과 여름을 맞아 알록달록 단장한 사우스뱅크 센터 외관이 어우러져 세상 어디에도 없을 듯한 유쾌한 작품을 완성한다. 5월 말부터 9월 초까지 로열 페스티벌 홀과 퀸스 엘리자베스 홀Queen Elizabeth Hall사이 공터에 설치되며 나이 제한 없이 누구나 마음껏 즐길 수 있다. 분수는 정사각형 안에 공간을 만들고 물을 뿜어 올린다. 많은 사람이 빈 공간에 서서 물에 젖지 않을 것이라는 안도감을 느끼는 순간 예상치 못하게 바닥에서 솟아오르는 물줄기로 옷이 젖어버린다. 하지만 옷이 젖었다는 당혹스러움은 오래가지 않는다. 점점 예측할 수 없는 물줄기의 움직임에 정신을 빼앗기고 비명을 지르며 놀기 바쁘다. 여름의 시작과 함께 런던에 방문할 예정이라면 꼭 사우스뱅크 센터에 가보자. 무조건 어딘가로 기어 올라가고 높은 곳에서 뛰어내리고 달려야만 놀았다고 생각하는 활력이 넘치는 아이들에게 최적의 장소다.

어피어링 룸에서 신나게 놀고 있는 태영이 사진을 찍고 주변을 살피니 초상권에 대한 안내 문구가 눈에 띄었다. '분수에 있는 사람들의

사진을 찍고 싶은 당신의 마음은 이해하지만, 찍기 전에 반드시 보호자의 동의를 받기를 바랍니다.'

영국에서 살다 보면 아이들의 초상권 보호에 대한 주의 사항에 익숙해진다. 태영이가 다니는 학교에서도 스쿨트립을 갈 때면 사진 찍는 것에 대해서 부모가 동의하는지를 사전에 확인한다. 동의하지 않는 학생의 사진은 학교 인터넷사이트에 올리지도 않으며 공유도 하지 않는다. 그러므로 영국 여행 중에 어린아이들이 귀엽다고 함부로 사진을 찍다가는 난처한 상황에 빠질지도 모르기 때문에 각별한 주의가 필요하다.

《Royal Festival Hall, Level 5》

여행하다 보면 돈을 들이지 않고도 편하게 쉴 수 있는 장소가 필요한데 그런 곳을 찾기 쉽지 않다. 그럴 때 집이 그리워진다. 그렇다고 여행을 접고 집에 돌아갈 수도 없고, 쉽사리 하루의 일정을 정리하고 숙소로 돌아갈 수도 없다. 그럴 때는 로열 페스티벌 홀 Level 5를 추천한다. 사실 너무 많이 알려지면 사람으로 북적일까봐 소개하기가 망설여질 정도로 혼자 간직하고 싶은 장소지만, 이 책을 누가 그렇게 많이 볼까 생각하며 안심하고 추천해본다. 이곳은 여행자도, 런던에서 힘겹게 유학하고 있는 학생도, 취업 비자를 받고 일하는 분도 알게 되면 모두들 좋아할 장소다.

이곳은 조망이 끝내준다. 템스강 서북부에 펼쳐지는 국회의사
당을 비롯하여 템스강 주변에 늘어선 건물들이 위엄을 뽐내며 으스대
는 모습이 한눈에 들어온다. Level 6에는 로열 페스티벌 홀의 회원들을
위한 휴식 공간이 있다. 층만 한 층 낮을 뿐 Level 5에서도 회원들이 즐
기는 전망을 똑같이 즐기며 편안한 소파와 의자에서 휴식을 취할 수 있
다. 게다가 휴식하면 빼놓을 수 없는 무료 와이파이가 제공되고 넓고 깨
끗한 화장실을 편안하게 이용할 수 있다. 특히 Level 5에 있는 테라스는
꼭 나가 봐야 할 곳이다. 가끔 비바람이 심하게 불 때면 출입을 금지하
기도 하지만 보통은 문이 열려 있으니 자유롭게 드나들 수 있다. 테이블
과 의자도 마련되어 있어서 날씨가 좋은 여름에는 아름다운 전망을 보
며 준비해 온 도시락을 까먹기에 안성맞춤이다.

　　충분한 휴식을 취했다면 테라스 반대편, 같은 층 블루 사이드Blue
side에 있는 내셔널 포이트리 라이브러리National Poetry Library에 가보자. 도서
관에 꽂혀 있는 책들은 모두 시집이다. 시집만 있는 도서관은 처음 본
다. 도서관 안에 아기자기하게 잘 꾸며놓은 아이들을 위한 공간은 잠시
앉아 시집을 펼쳐보고 싶게 만든다.

공연_concert 273

런던의 디자인을 말한다 (Shop)

　　로열 페스티벌 홀과 내셔널 시어터에서 다양한 문화를 소개하는 것 못지않게 샵에서도 무척 다양한 디자인의 상품을 판매하고 있다. 평범해서 더 매력적인 일상생활용품부터 영국 드라마 〈미스터 빈〉을 보며 어처구니없어 웃음이 터지듯 헛웃음을 짓게 만드는 상품까지, 무엇을 파는 곳이라고 딱 꼬집어 설명하기 힘들 만큼 이것저것 판매하고 있다. 그래서 구경만 실컷 하다가 빈손으로 나온 적이 많다.

〔Barbican Centre, Shop〕

　　바비칸 센터는 디자인 관련 도록을 많이 판다. 개인적으로 가장 흥미로운 책은 바비칸 센터 입주자들의 인테리어를 소개하는 책자 《레지던츠Residents: Inside the Iconic Barbican Estate》인데 꼭 사서 보고 싶다. 집단 주거를 병적으로 싫어한다는 대다수 영국사람들과 다르게 공동주택에 입주

하는 사람들의 이야기가 궁금하다. 나라면 어떠했을까? 조금 외곽 지역
이라도 사생활이 보장되고 정원이 딸린 단독 주택을 선택할까, 아니면
씨티 오브 런던에 자리 잡고 문화와 예술을 쉽게 접할 수 있는 바비칸 센
터에 살까? 행복한 상상이다.

〔Polka Theatre, Shop〕

폴카시어터가 새 단장을 한다는 소식을 들었다. 오래된 할머니
집 같았던 원래의 모습이 참 좋았는데 정말 섭섭하다. 인터넷에 올라온
조감도를 보니 후정이 있던 자리 쪽에 건물을 확장하고 부족했던 시설
을 보충하려는 것 같다. 2018년 2월 18일 문을 닫고, 3월부터 공사에 들
어가 2020년 여름에 다시 문을 열었다고 한다. 아기자기하고 귀여웠던
놀이터는 제발 그대로 보존되었기를 바라본다.

폴카 시어터에 있는 '토이샵'은 정말 작았다. 작은 4인용 식탁 크
기 매대 위에 이것저것을 올망졸망 올려놓고 팔았는데, 손이 조막만 한
아이들에게는 폴카 시어터 토이샵이 전혀 작지 않았으리라. 〈찰리 앤
롤라〉 연극을 보고 나서 타탄체크 양탄자가 깔린 대기실에 있는 작은 토
이샵에서 눈을 반짝거리며 기념품을 고르던 조카 승헌이와 태영이의 어
린 모습, 태영이가 친구 애니스와 토이샵 앞에 마련된 무대의상을 입어
보고 목마를 타며 놀던 모습이 담긴 사진이 오늘따라 애틋하다.

보기보다 맛없는 케이크 (Cafe)

영국의 케이크는 예쁘고 맛있게 생겼지만, 포크로 자르면 부서질 정도로 찰기는 별로 없고 푸석하다. 간단히 말해 맛이 없다. 푸석한 케이크를 먹기 위해서는 따뜻한 차가 꼭 필요하다. 영국인들이 차를 자주 마시는 이유는 물의 특성도 한몫한다. 석회암 지대가 많은 영국의 물은 대부분 탄산칼슘이 다량 포함된 일시적 센물이다. 그 때문에 물을 꼭 끓여 먹는 게 좋고, 맹물보다 발효된 차를 타서 마시면 더 좋다. 그런데도 "물 좀 줄까?" 하면서 무심하게 수도꼭지를 돌려 수돗물을 마시라고 건네주는 사람들을 만나면 어이없기도 하다. 하지만 먼 영국까지 왔는데 먹는 문화가 내 나라와 같다면 여행하는 맛이 안 날 것이다. 다르기에 낯설고 다르기에 먹어보고 싶어진다.

    공연을 즐기는 장소에 마련된 카페에서도 보기보다 맛없는 케이
크, 보기보다 맛있는 케이크를 팔고 뜨거운 차는 물론 다양한 음식을 판
매하고 있다. 문화와 예술을 사랑하는 사람들이라면 관대한 품성을 가
지고 있을 것만 같다. 혹시 모를 뜻밖의 일에 대비해서 무의식적으로 항
상 긴장하고 경계하는 외국인이지만 그곳에서만큼은 무장해제를 하고
그들과 섞여 주위의 모든 것들을 공유하며 편안하게 즐길 수 있다.

〔Royal Festival Hall, Central Bar〕

센트럴 바는 로열 페스티벌 홀로 들어서면 바로 보이는 곳이다. 허기를 채울 수 있는 음식을 팔지는 않지만, 로열 페스티벌 홀에 온 사람들과 섞여 앉아 바로 앞 클로어 볼룸The Clore Ballroom에서 벌어지는 각종 행사나 이벤트, 그리고 실시간 공연을 바라보며 간단하게 목을 축일 수 있다. 굳이 음료를 사서 먹을 생각이 없다면 카페 밖에 마련된 의자에 앉거나 눈치껏 바닥에 앉아서 자유롭게 휴식을 취해도 무방한 곳이다.

〔Royal Festival Hall, SCFood〕

외래문화를 향해 열린 공간을 제공하는 사우스뱅크 센터는 음식에서도 스트리트 푸드를 활용해 다양한 민족의 음식을 체험할 수 있도록 자리를 내준다. 항상 그 주변을 지나칠 때면 진동하는 음식 냄새가 내 발걸음을 멈추고 '뭐 좀 먹어볼까?' 고민하게 했다. 보기에는 먹음직스럽지만 막상 먹어보면 너무 강한 향신료 때문에 실패할 때도 간혹 있지만 다양한 나라의 음식을 비싸지 않은 가격으로 즐길 수 있다. 특히 최근 인기가 많아진 한국 불고기를 파는 곳은 사람들이 줄을 서서 먹는 곳이 되었다.

〖National Theatre, Kitchen Cafe〗

테이블 중간에는 다양한 케이크와 빵이 뚜껑을 덮지 않아 먼지에 대한 대책도 없이 그냥 푸짐하게 놓여 있다. 사이드테이블에는 주전자에 담긴 우유와 설탕이 수북이 쌓여 있고 머스터드와, HP소스, 비니거, 마요네즈, 케첩도 양껏 가지고 갈 수 있다. 최근 일회용품 쓰기를 자제하는 사회적 분위기 속에서 없어졌을 풍경일지도 모른다. 케이크, 샌드위치 그리고 샐러드를 기본으로 판매하고 신선한 재료 본연의 맛을 살리는 간단한 조리법으로 만든 네다섯 가지 정도의 메인 음식을 파는데, 맛도 좋다. 하얀색 그릇에 파란 테두리가 있는 군더더기 없는 심플한 그릇부터 'KITCHEN'이라는 단순 명료한 음식점 이름까지 내 마음에 쏙 드는 곳이다. 특히 날씨가 좋으면 카페 밖 템스강변에서 식사를 즐길 수도 있으니 이보다 더 만족스러울 수 없다.

〖National Theatre, Espresso Bar〗

에스프레소 바에는 프랜차이즈 커피숍에서 느낄 수 없는 그들의 문화와 색깔이 존재한다. 《런던 이브닝 스탠더드》가 선정한 상위 50위 안에 드는 독립 커피숍 중에 하나로 커피 맛이 참 좋다.

특히 작은 공간이긴 하지만 문화와 예술을 사랑하는 사람들이 애정하는 공간이다. 로컬 커피숍의 분위기와는 또 다르게 이곳에서는 공연이 시작되기 전이나 중간 쉬는 시간에 커피를 마시며 공연에 관해 이야기를 나누는 사람들을 쉽게 만날 수 있다. 랩톱과 휴대전화 대신 공연 안내 책자를 보는 사람들 속에서 곧 펼쳐질 공연을 기다리며 커피를 마시는 나를 상상해본다.

한번은 내셔널 시어터 매표소에서 표를 받은 뒤에 곧바로 에스프레소 바에 들러 템스강을 바라보며 커피를 마실 계획을 세운 적이 있다. 하지만 매표소 직원은 일처리가 너무나 더뎠다. 결국, 매표소 앞에서 30분 이상을 허비했다. 부랴부랴 에스프레소 바에 들러 커피를 주문하고 뜨거운 커피를 급하게 목으로 넘겼다. 급하게 넘긴 뜨거운 커피는 맛도 제대로 느낄 수 없었고 목젖만 데이게 했지만 '역시 맛있어.'라고 읊조리며 템스강을 배경으로 사진을 찍었다. 한가한 오전 시간 템스강을 바라보며 무엇을 마신들 맛이 없으랴! 오전 8시 45분 일찍 문을 여니 에스프레소 바에서 신선한 원두로 만드는 커피로 하루를 시작하고 싶은 날 방문해보자.

〔National Theatre, Follies Afternoon Tea〕

가보지 못한 곳이지만 소개하는 이유는 내셔널 시어터에서 공연 중인 연극에 따라 '트레디셔널 애프터눈 티'에 제공되는 메뉴가 달라진다는 점이 독특하기 때문이다. 스티븐 손드하임Stephen Sondheim의 뮤지컬 〈폴리스Follies〉공연을 하는 기간에는 연극 배경인 뉴욕에 맞춰 뉴욕 스타일 프렛즐과 비어 머스터드가 제공되었다. 가격은 29.50파운드라고 하니 트레디셔널 애프터눈 가격치고는 비싼 편이 아니다. 무엇보다 10파운드만 더 내면 연극이 공연되는 무대 뒤 투어도 함께 할 수 있다.

전통적인 트레디셔널 애프터눈 티를 즐겨보고 싶다면 포트넘 앤 메이슨을 추천한다. 포트넘 앤 메이슨 맨 위층에 있는 다이아몬드 주블리 티 살롱의 경우 일인당 40파운드 가격이지만 비싼 만큼 차는 물론이고, 샌드위치도 무한 리필이 가능하다. 단, 웨이터에게 요청해야 하므로 얼굴이 보통 두껍지 않고서는 두 번 이상 요청하기 힘들다. 또한 원하면 계속 먹을 수 있는 케이크가 티 살롱 중앙에 준비되어 있다. 특별한 날이라면 큰맘 먹고 가서 호사를 부려도 괜찮지 않을까?

《Barbican Centre, Barbican Kitchen》

바비칸 센터에는 대여섯 개의 카페와 레스토랑이 있는데 이 중에 Ground Floor에 있는 바비칸 키친은 대중적인 메뉴로 사람들이 많이 찾는 곳이다. 새벽같이 집을 나서서 〈햄릿〉 공연 표를 구하고 난 뒤에 청량한 햇살을 받으며 바비칸 키친 야외 테라스에 앉아 마시던 커피와 음식이야말로 꿀맛이었다. 이곳은 음식도 음식이지만, 바비칸 센터 외관만큼이나 세련되고 현대적인 인테리어가 돋보인다. 벽과 바닥에 차가운 느낌을 주는 타일 소재를 붙인 대신 조명을 많이 달아 따뜻한 느낌을 더해 균형을 맞추었다.

점심시간이 다가오면 마치 사무실 많은 동네 식당처럼 사람들이 붐빈다. 평일 점심시간은 지난번 방문했을 때와 전혀 다른 모습이었다. 커피는 줄을 서서 기다려야 했고, 커피가 담긴 커피잔이 직원의 손을 통과해 내 손에 전해졌을 때 이미 좀 흘러넘쳐 있었다. 현지인으로 보이는 바쁜 런더너들은 흘러넘쳐 전해지는 커피에 대해 그냥 그러려니 덤덤해보였다. 나도 덤덤히 넘겨보려 했지만 자꾸 신경이 쓰였다. 안 되겠다 싶어 시선을 돌리니 커다란 창문 밖에 보이는 비현실적인 전망 속에 살아 움직이는 런더너의 모습은 마치 연극 무대처럼 느껴졌다. 흩어지는 햇살 속으로 스며드는 물소리와 회색빛 건물이 혼재되어 정신을 더 혼미하게 만들었다. 진한 커피를 들이키며 피로에 지친 몸과 마음을 카페인 섭취로 깨우고 창밖의 몽환적인 풍경을 한참이나 지켜봤다. 그 순간이 오래가기를 바라던 그때가 떠오른다.

(Polka Theater, Polka Cafe)

폴카 카페에서는 추억이 많다. 손녀딸 방학을 맞아 영국으로 놀러 온 엄마에게 일정을 연장하고 좀 더 지내다 가라고 했지만, 엄마는 크리스마스이브에 비행기를 타고 한국으로 가셨다. 오후 비행기라 서두르기만 하면 런던을 다녀올 수도 있었는데, 마침 전날 집 앞에 있던 커다란 나무가 부러질 정도의 태풍이 들이닥쳐 런던으로 가는 열차가 운행을 멈췄다. 집에 가만히 있기에는 아까워서 버스로 갈 수 있는 윔블던에 있는 폴카 시어터로 갔다. 연극을 관람하기에는 시간적 여유가 없었지만, 작고 아기자기한 극장을 엄마에게 구경시켜 드리고 싶었다. 구경을 마치고 우리는 카페에 들어가 식사를 했다. 카페에 마련된 기차처럼 만들어진 자리에 앉아서 오순도순 재킷 포테이토를 나눠 먹으며 헤어짐의 아쉬움을 달랬던 기억이 난다.

　태영이의 생일잔치도 떠오른다. 태영이의 아홉 살 생일. 주로 집에서 생일 잔치를 하는 학교 친구들과 달리 태영이는 폴카 카페에서 했다. 아이들을 다 초대하기에는 집이 작아서 선택한 폴카 카페에서의 생일잔치는 모두에게 즐거운 하루였을 것이다. 친구들과 연극도 보고, 연극 공연 중간에 주어지는 쉬는 시간에 아이스크림도 먹고, 카페에서 조그만 케이크 위에 촛불을 켜고 작은 소리로 생일 축하 노래를 부르고, 놀이터에서 놀았던 기억. 목발을 짚고도 참석해준 태영이의 친구 루루와 내가 혼자서 힘들까봐 함께 와 준 루루 엄마가 너무 보고 싶어진다.

　사람의 취향이란 너무나 각양각색이라 한데 묶어 '영국다운, 영국적'이라는 말을 함부로 붙이기는 무리가 있지만, 폴카 시어터는 어린이를 위한 가장 영국다운 소극장이라고 그리고 그 안의 작은 카페는 가장 영국다운 정겨움이 느껴진다고 감히 말하고 싶다. 집을 개조해 만든 극장에는 후정(後庭)이 있다. 그 작은 후정에는 큰 나무를 중심으로 오두막과 노란색 목재 고양이, 미끄럼틀과 작은 연못이 아기자기하게 잘 꾸며져 있다. 후정에서 연결되는 주방은 가정집 부엌처럼 생겼는데 영국인들이 자주 먹는 소박한 음식을 만들어 저렴한 가격에 판매한다. 구운 감자에 버터, 치즈 베이크드 빈 또는 마요네즈나 통조림 참치 따위를 올려 먹는 재킷 포테이토와 삶은 팬네에 치즈 그리고 토마토소스를 올린 음식을 판다. '하인즈 베이크드 빈을 사용합니다.' 라고 당당하게 쓰여 있는 메뉴판은 왠지 더 친근하다. 나도 그렇게 만드니까.

EXHIBIT 전시

오늘도 박물관으로 외출한다

대학생 시절 유럽 배낭여행 중 박물관에 방문한 적이 있다. 다녀도 다녀도 전시물의 끝이 보이지 않아 난감해 하다가 결국 머리가 빙글빙글 돌아 지쳐서 나오고 말았다. 그 경험 탓으로 나에게 박물관이란 가지 않아도 되는 곳이 되어버렸다. 그런 내가 아이 엄마가 되어 영국에 있는 동안 가장 많이 방문한 곳이 박물관이었다. 박물관을 자랑스럽게 생각하는 영국인들. 런던 관광 안내 사이트에 들어가면 제일 먼저 박물관을 소개하는 나라. 속는 셈 치고 다시 한번 가보기로 마음먹었다. 세월이 흘러 아이와 함께 박물관에 가니 주위를 바라보는 마음가짐이나 관심이 가는 분야가 달라졌다. 보이지 않던 것이 하나씩 눈에 들어오고 박물관에서 진행하고 있는 일들을 알게 되면서 스스로 찾아보기 시작했다. 자주 드나들며 그곳에서 이루어지는 활동에 참여하면서 박물관에 대한 인식이 바뀌기 시작했다.

박물관은 가치가 있는 물건들을 수집하고 연구하며 전시하는 역할 외에도 대중을 교육하거나 대중의 예술적 감성을 만족시키는 장소로 계속 진화하고 있다. 공공을 위한 기관으로 각계각층의 모든 사람이 한자리에 모일 수 있는 장소 중 하나이며 전시물을 통해 영감을 얻고 소통을 통해 다른 분야와 융합을 시도한다. '전시'라는 소제목을 붙인 이 장에서 소개하는 네 개의 박물관에서도 전시물과 관련된 지식을 쉽게 이해하고 습득할 수 있도록 워크숍을 진행한다. 워크숍은 다양한 소품을 이용해 이야기를 들려주거나 그리기, 만들기와 같은 간단한 드롭인 형식으로 진행된다. 중간 방학 기간이나 방학 기간에는 미리 예약을 해야 참여할 수 있는 워크숍이 진행되기 때문에 미리미리 일정을 확인하는 게 좋다.

아쉽게도 박물관이라는 타이틀이 붙은 곳이 오히려 앞에서 소개한 다른 기관에 비해 워크숍의 유형이 다양하지 못하고 내용도 기대보다 못한 경우가 간혹 있다. 그래도 돌이켜 보면 박물관은 나에게 현지인들과 융합하고 소통할 수 있는 얼마 안 되는 장소 중의 하나였다. 또한 그곳에서 나는 장소가 주는 안정감을 느끼며 일상과 잠시나마 거리를 둘 수 있었다. 마음의 안정을 찾을 수 있는 공간이라는 것만으로도 박물관은 나에게 머나먼 타향생활에서 커다란 위안이 되어주었다.

박물관 방문과 워크숍 참여로 아이에게 어떤 긍정적 효과가 있었냐고 묻는다면 자신있게 할 말은 별로 없다. 그저 영국의 긴 역사 속에서 고집스럽게 역할을 다하고 이어가는 박물관들이 현존하고 있으며, 그 때문에 나는 전문가들이 꼼꼼하게 기획하고 구성한 워크숍을 신뢰하며 하나하나 참여하고 따랐다. 그 속에서 우리는 즐겁게 지냈을 뿐이다.

브리티시 뮤지엄
The British Museum

　　브리티시 뮤지엄은 본문에서 소개하는 어떤 곳보다 전시물이 많은 곳이다. 과거의 유물을 눈으로 직접 보고 느낄 수 있다는 것이 장점이기는 하지만, 전시물을 통해 일방적으로 메시지를 주입하는 전시라는 느낌을 지울 수 없다. 다시 말해, 나와의 소통은 잘되지 않았다는 얘기

다. 체험 전시, 특히 어린이를 상대로 하는 워크숍과 이벤트는 많지 않다. 물론 내가 방문을 여러 번 하지 않아 잘 모르는 것일지도 모른다. 하지만 홈페이지를 뒤져봐도 워크숍과 이벤트가 아쉽다는 마음은 쉽게 사라지지 않았다.

태영이가 학교 역사 시간에 '로만 브리튼Roman Britain'(고대 로마 시대의 영국)을 배울 때 그 시대 전시물을 보기 위해 브리티시 뮤지엄에 간 적이 있다. 전시실 가운데 분위기가 범상치 않은 할머니가 작은 테이블을 놓고 앉아 계셨다. 핸즈온 전시Hands-on Exhibitions의 일환으로 직접 만져볼 수 있는 옛날 화폐를 테이블 위에 놓고 아이들에게 설명해주고 계셨다. 나이가 들어도 자신의 재능을 기부할 수 있고 일할 수 있는 환경이 그 어떤 전시물보다 인상적이었다. 그 할머니는 화수분처럼 끝도 없는 지식과 이야기보따리를 가지고 있는 듯했다. 이런 체험 전시는 다른 어떤 전시보다 기억에 남고 마음을 움직인다. 박물관 곳곳에 체험 전시가 더 많이 있었다면 일방적으로 보고 읽는 관람으로 몸과 머리가 지칠 즈음 분위기를 전환하는 계기가 되었겠지만, 그날 본 체험 전시는 그것이 유일했다.

　　체험 전시나 워크숍이 많지 않지만, 브리티시 뮤지엄은 전시물 안내 책자와 트레일을 잘 만들어놓았다. 사실 트레일마저 없다면 아이와 함께 어떻게 관람해야 할지 엄두가 안 날 정도로 이 박물관은 관람 동선이 길고 전시물은 많다. 그러므로 전시물 옆에 있는 설명을 일일이 읽어나가면서 답을 찾아가는 일도 쉬운 일은 아니다. 욕심을 내다가는 아이도 어른도 함께 질려버릴지도 모른다. 얼마나 많은 질문에 답을 채워갈지는 아이의 성향에 따라 다른데, '다 끝내고 말 테야.' 하는 아이도 있겠지만 어떤 아이는 거의 흥미를 느끼지 못할 수도 있다. 그렇다면 과감히 트레일을 접고 자유롭게 돌아다니자.

박물관에서 제공하는 배낭을 활용해보는 것도 전시 관람에 도움이 된다. 갤러리 백팩 프로그램Free Gallery Backpacks은 어린이들이 재미있게 전시를 관람하는 데 도움이 되는 소품이 든 배낭을 무료로 대여해주는 서비스이다. 아프리카, 그리스, 이집트, 로만 브리튼, 멕시코 등의 6~8개 주제로 5~12세까지 나이에 따라 관심사에 맞게 배낭을 선택할 수 있으니 아이가 원하는 것을 대여해 박물관 관람에 활용해볼 수 있다.

쇼케이스에 전시품을 진열하고 설명하는 관람 위주의 박물관은 아무리 매력적인 전시물을 보유하고 있다고 해도 쉽사리 다시 가게 되지 않는다. 게다가 런던이 어떤 도시인가? 어디를 가나 오래된 역사의 숨결을 느낄 수 있는 과거와 현재가 공존하는 도시다. 체험전시 공간이 많거나 지속해서 재방문할 수 있는 교육 프로그램과 쟁점이 되는 기획전시가 함께 어우러져야 아이와 함께 또 가고 싶어진다. 내가 감히 명성이 높은 박물관을 좁은 식견으로 평가할 수 있겠는가? 그저 박물관 명성에 못 미치는 교육 활동이 아쉽다는 것이니 오해 없기를 바란다.

런던 트랜스포트 뮤지엄
London Transport Museum

런던을 떠올리면 함께 생각나는 헤리티지 디자인 중에 유독 교통과 관련된 것들이 많다. 세계적인 명물이 된 런던 지하철역에는 오래된 역사만큼이나 많은 이야기와 흥미로운 디자인이 숨어 있다. 디자이너 에드워드 존스턴Edward Johnston이 디자인한 런던 지하철 로고나 해리 백Harry Beck이 전기회로도에서 영감을 얻어 디자인한 런던 지하철 노선도는 복잡한 지하철에 통일된 시각 질서를 입혔다. 절제되고 단순한 디자인은 100년이 훌쩍 지난 지금까지도 탁월한 감각을 자랑한다.

런던 트랜스포트 뮤지엄은 뛰어난 감각으로 디자인된 전시물이 넘쳐나는 곳이다. 여기서 진행되는 워크숍 또한 남다른 관점과 상상력으로 기획되었을 것으로 짐작된다. '포스터 프라이즈 포 일러스트레이션Poster Prize for Illustration'에서 상을 받은 작가가 직접 그리기 워크숍을 진행하기도 하고, 런던 교통수단과 관련된 역사를 들려주는 스토리텔링과 어린 아이들을 대상으로 마련된 노래 부르기 등 다양한 프로그램이 있다.

런던 트랜스포트 뮤지엄에서는 대부분의 전시물을 직접 만지거나 타볼 수 있어 아이를 데리고 함께하는 관람이 어렵지 않다. 그런데 이곳은 무료 입장이 아니다. 하지만 한 번 산 입장권은 1년 안에 횟수 제한 없이 사용할 수 있으니, 런던에 장기로 체류할 사람이라면 입장권을 사서 자주 방문하고 워크숍에도 참여해보면 좋겠다. 나는 이 사실을 모르고 방문을 미루고 있다가 뒤늦게 방문한 탓에 워크숍에 참여할 기회를 놓쳐서 매우 아쉽다.

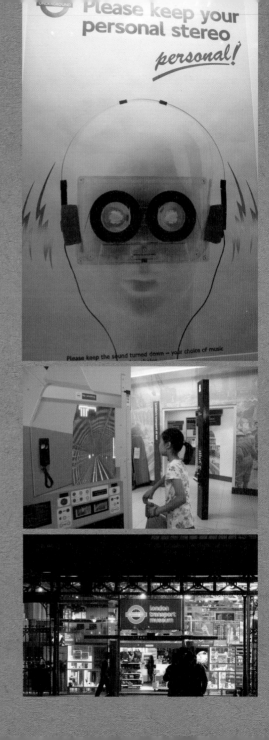

뮤지엄 오브 차일드후드
V&A Museum of Childhood

　　중학생 때 '차일드Child'의 복수형은 '칠드런Children'이라고 확실히 외웠던 기억이 난다. '-ish'가 붙으면 '어린이 같은, 유치한'의 뜻이 되고, '-hood'가 붙으면 '어린 시절'이 된다. 갑자기 영어 문법 시간은 아니지만, 영어 단어를 더듬어보는 나름대로의 이유가 있다. 'V&A Museum of Childhood'는 단어 뜻 그대로 '어린 시절 박물관'이다. 재미있는 사실은 단어의 뜻을 중학교 영어 시간에 정확히 배웠음에도 내 마음대로 '어린이 박물관'으로 인식했다는 것이다. 알고 보니 나 말고도 그렇게 인식한 사람이 내 주위에 몇 명 있었다.

　　어린이 박물관인 줄 알고 찾아간 그곳에는 어른인 내 추억 속의 장난감들이 전시되어 있었다. 어릴 적 나는 마론 인형, 지금은 바비나 미미로 알려진 인형 놀이를 참 좋아했다. 인형의 머리를 빗기고 옷을 입히고 놀았는데 옷은 대부분 헌 양말이나 손수건으로 인형 몸에 칭칭 감았다. 인형 한두 개는 있었지만, 엄마는 인형 옷을 원하는 만큼 사 주시지 않았다. 지금 나의 물욕은 어린 시절 채워지지 않은 욕구로 생겨난 것일까. 친구네 놀러 가면 침을 흘리며 구경했던 피셔 프라이스 장난감이나 각종 살림 도구 장난감들이 너무나 갖고 싶었다. 그때 사지 못했던 응어리를 풀기라도 하려는 듯 박물관 전시물을 보며 연신 카메라 셔터를 눌러댔다. "어머, 그래 저거야!", "어머! 저건 사야 해!"를 연발하며 똑같은 것을 지금 살 수만 있다면 다 사갈 텐데, 팔지 않는다는 사실에 원망하고 아쉬워했다.

　　태영이에게도 나의 옛날이야기를 설명해주면서 함께 관람했지만, 태영이는 생각보다 호응이 적었다. "응, 그래." 정도였다. 태영이의 추억 속에 남아 있는 밥 아저씨나 텔레토비 인형을 볼 때와 내 추억 속에 남아 있는 옛날 장난감을 볼 때 공감의 정도가 너무 달랐다. 내 유년 시절을 떠올리게 하는 추억의 전시물은 태영이에게 너무나 막연했던 게다. 신기하거나 예뻐 보이거나 무서워 보일 수는 있겠지만, 장난감에 얽힌 많은 이야기에는 공감할 수 없었을 것이다. 그래서 내가 열광하는 장난감들이 태영이에게는 그냥 옛날 물건에 그쳐버렸다. 그런 의미에서 V&A 뮤지엄 오브 차일드후드는 어른 친구끼리 아니면 나이 든 엄마와 함께 오면 더 적합할 곳이다. 내가 파악한 이곳은 어린이를 위한 박물관이 아니라 어른들의 유년 시절을 소환하는 박물관이고, 부수적으로 아이들이 체험하고 놀 수 있는 몇 개의 전시물이 마련되어 있는 곳이다.

어린 자녀와 함께 이곳을 잘 활용하려면 전시물은 어른이 구경하고 아이들은 모래 놀이를 할 수 있는 놀이터나 역할 놀이를 할 수 있는 곳에서 체험놀이를 하게 하는 것도 방법이다. 간단한 만들기나 박물관 투어, 인형극, 스토리텔링 등 소박한 이벤트가 항상 운영되고 있으니 홈페이지에 들어가 일정을 확인해보고 참가하고 싶은 활동에 맞춰서 방문 계획을 세우는 것도 좋다. 상설 전시는 분명 어른들을 위한 전시물이 많은 곳이다. 그렇지만 기획 전시나 특별 전시는 인기 있는 동화작가와 작품, 세계 어린이들의 이야기 등 현재 아이들이 관심이 있거나 좋아할 만한 소재로 기획되어 열린다.

아이보다 엄마가 더 즐거울 수 있는 곳도 가봐야 한다. 특히 어린 시절 장난감을 좋아했던 어른이라면, 아이와 함께 이곳에 가서 시간을 보내는 것도 좋은 추억이 되리라.

《간식을 먹으러 온 호랑이》 주디스 커 회고전

　　뮤지엄 오브 차일드후드 진열대 한쪽에 앉아 있는 인형이 나에겐 눈물 나도록 반갑지만, 딸아이는 아무런 감흥을 느끼지 못하는 사태가 벌어졌다. 세월과 나이를 넘어 함께 공감할 대상이 생긴다면 특별한 유대감을 느끼는 경험을 할 수 있을 텐데, 무엇이 있을까?

　　영국에 가서 얼마 되지 않아 V&A 뮤지엄 오브 차일드후드에서 '《간식을 먹으러 온 호랑이》 주디스 커 회고전'을 한다는 포스터를 보고 얼마나 기뻤는지 모른다. 특별 전시에서는 주디스 커의 일생과 다른 작품들을 함께 감상할 수 있었고 그림책 속 장면을 최대한 현실적으로 재현해놓고 있었다. 그림책 속에 나오는 입어보고 싶었던 코트가 선반 고리에 걸려 있고, 예쁜 찻잔이 놓여 있는 식탁에 커다란 호랑이가 앉아 있었다.

나도 딸아이도 좋아하는 책에 관한 전시다 보니 함께 할 이야기가 참 많았다. 그림책 내용을 그대로 재연해보며 사진도 찍고 이곳저곳 구경하기 바빴다. 동화책은 나이를 뛰어넘어 함께 공감하고 이야기를 나눌 수 있는 매개체가 되어준다.

나는 동화책을 도서관에서 빌려서 딸 아이에게 읽어주곤 하였다. 동화책을 함께 읽다 보니 아이보다 내가 더 좋아하는 책도, 함께 좋아하는 책도 생겼다. 그중에 《간식을 먹으러 온 호랑이》는 아이와 내가 함께 좋아하는 동화책이다. 느닷없이 찾아온 커다란 호랑이가 집에 있는 먹을 것을 다 먹어버리고 심지어 목욕탕 물까지 몽땅 다 마시고 사라지지만 엄마와 아이는 기겁하고 놀라기는커녕 너무 태연하다. 심지어 다음 날 다시 찾아올지도 모르는 호랑이를 위해 먹을 것을 사서 기다리는 모습에 책장을 넘기며 나도 같이 호랑이가 다시 오기를 기다렸다. 호랑이가 목욕탕의 물을 다 마셔버려 주인공 소피의 집은 단수가 된다. 도저히 이해할 수 없었던 동화책 속 사건이지만 경험해보니 실제로 가능한 일이었다. 영국에서 내가 살던 작은 집의 위층 작은방에는 붙박이장인 줄 알고 열어본 곳에 노란색 물탱크가 있었다. 온수를 보관하는 통은 내 키보다 작았다. 한국에서처럼 물을 틀어놓고 샤워하다가 낭패를 본 적이 한두 번이 아니다. 아껴서 쓴다고 해도 샤워가 끝나기도 전에 온수를 다 써버려서 추위에 덜덜 떨며 찬물로 샤워를 해야 했다.

동화책 속 이야기가 더 마음을 사로잡을 수 있었던 이유는 작가가 직접 그린 그림 때문이다. 스물두 컷 정도 되는 그림 속 영국의 모습은 정말 사실적이다. 동화책 속 그림처럼 이른 아침이면 병에 든 우유를 배달하는 트럭을 볼 수 있고, 소피네 가족이 저녁을 먹기 위해 함께 나간 하이 스트리트라 불리는 동네 중심가 모습은 마치 내가 살던 동네 하이 스트리트와 흡사했다. 소피 엄마와 소피가 신은 스타킹 무늬와 색깔, 원피스와 카디건 색의 조화는 실제로 많은 영국인이 즐겨 입는 옷차림이다. 책을 보다보면 유행은 존재하지만, 유행과 상관없이 자신의 개성대로 잘도 입고 다니는 영국인들이 떠오른다. 그뿐 아니라 싱크대 선반 위에 있는 주방용품들과 차를 마실 때 쓰는 그릇마저도 작가는 섬세하게 그려놓았다.

오래된 물건을 사랑하는 영국 사람들

　　V&A 뮤지엄 오브 차일드 후드의 전시물을 보며 '어, 저건 나도 가지고 있던 장난감인데, 버리지만 않았어도 나도 박물관 하나는 차릴 수 있었겠다.'라는 우스운 생각을 한 적이 있다. 내가 본 많은 영국인은 실제로 오래된 물건을 잘 버리지 않는다. BBC 1에서 방송하는 〈앤틱크 로드쇼Antiques Roadshow〉를 보면, 자신이 소장하고 있는 옛날 물건을 전문가에게 감정 받기 위해 긴 줄을 서서 기다리는 모습들이 매우 진지하다. 어릴 적 할머니로부터 선물 받은 인형에서부터 보석, 그림에 이르기까지 다양한 물건들이 전문가의 감정을 거쳐 소개되는 인기 많은 장수 프로그램이다. 그들은 사물을 대하는 자세가 다른 걸까? 순수하고 변함없는 마음으로 사물을 대하기에 버리지 않고 고이 간직하고 있는 걸까? 아니면 지속 가능한 디자인 때문일까? 과잉생산과 디자인 홍수 속에 제품 수명이 단축되는 요즘 세상에서는 보기 드문 광경 같지만, 영국에서는

방송뿐만 아니라 쉽게 볼 수 있는 풍경이다.

4월부터 10월 말까지는 주말이면 집에 있는 중고 물건을 자동차 트렁크에 싣고 파는 '카부츠 시장Car boot Sales'이 열린다.

구경하다 보면 정말 별별 물건을 다 볼 수 있고 잘만 살펴보면 쓸 만하고 질 좋은 물건을 말도 안 되게 싼 가격에 살 수도 있다. 나는 웨지 우드그릇을 2파운드에 사기도 했고, 명품 태엽 손목시계를 5파운드에 구매하기도 했다. 보잘것없어 보이는 물건일지라도 함부로 버리지 않는 사람들. 어쩌면 각자의 집이 박물관이라고 해도 무방하지 않을까?

뮤지엄 오브 런던
Museum of London

런던 인근에 살면서 자주 런던을 다녔지만 스쳐 지나가는 많은 것들을 그냥 그러려니 넘겼다. 표면적으로 보이는 런던이 아니라 런던과 관련된 역사를 비롯해 내가 지금 방문하고 있는 런던의 이야기가 알고 싶으면 박물관에 꼭 가보라고 추천한다. 아는 만큼 보인다고 박물관을 다녀와 접하게 되는 런던 시내의 모습은 또 다르게 느껴지고 더 가깝게 다가온다.

뮤지엄 오브 런던은 최근까지 런던에 있었던 현실감 나는 전시물을 소장하고 전시하고 있다. 2012년 런던 올림픽 시작을 알렸던 성화대가 어두운 전시관에 당시 화면과 함께 전시되어 있다. 박물관에 전시된 성화대는 생기를 잃은 듯하지만 버려지지 않고 보전하여 계속 볼 수 있다는 데 의미가 있지 않을까.

또한 선사시대부터 근대까지 런던의 상세한 역사적 기록과 형성 과정을 한눈에 볼 수 있다. 과거의 사사로운 기록과 유적을 소중히 보전하고 연구하는 영국인들의 자세가 현재와 같은 발전의 밑거름이 되고 있다는 것을 다시 한번 상기시켜주는 곳이기도 하다. 과거가 없으면 현재가 존재하지 않는다. 과거를 그냥 흘려보내지 않고 되새기고 발전을 위해 도약하는 영국인들의 노력을 뮤지엄 오브 런던에서 느낄 수 있다. 상설전시로 끊임없이 다뤄지는 주제는 1665년도의 '런던 대역병'과 1666년에 일어난 '런던 대화재'다. 두 주제는 아이들이 어렵지 않게 사건에 대해 배우고 이해할 수 있도록 활동지로도 만들어 꾸준히 다뤄진다. 과거에 있었던 참혹한 역사를 다시는 되풀이하지 않겠다는 강한 의지를 보여주는 듯하다.

영국도 역사 과목을 둘러싸고 치열한 국가적인 논쟁이 끊임없이 진행되고 있다. 지금은 많은 개정을 거쳐 학생과 교사에게 자율성을 주고 탐구와 이해를 강조하고 있으나 여전히 개선해야 할 점이 많다. 거의 낙제 수준의 점수를 받았던 나는 중년이 되어서야 역사교육의 중요성을 조금씩 느끼게 되었다. 역사교육은 누군가에 의해 이용되어서도 안 되고 단순히 사실 전달에만 머무는 것도 부족할 것이다. 이런 이유 때문에 영국에서는 역사교육을 위한 학교, 매체, 박물관의 행보가 어떻게 진행되고 있는지 궁금해진다. 그저 몇 년 살았기 때문에 표면적이긴 하지만 내가 느꼈던 점을 정리해봤다.

태영이가 영국 초등학교에서 역사 시간에 로마인과 앵글로색슨인에 대해 배우던 때에 숙제를 하기 위해 교과서를 집으로 가지고 왔다. 교과서에 있는 삽화를 보고 얼마나 놀랐는지 모른다. 어린아이에게 보여주기에는 삽화가 너무나 사실적이고 잔인했다. 귀엽고 예쁜 그림만 보여주던 나에게는 너무나 큰 충격이었다. 그런데 아홉 살이었던 태영이는 의외로 놀라거나 무서워하지 않았다. 교과서에 실린 사실적인 그림을 보며 학생에게 왜곡 없이 역사적 사실을 그대로 받아들이게 하는 것이 영국 역사교육의 첫 단계라고 느꼈다.

영국 CBBC TV에서 방송하는 〈호러블 히스토리Horrible Histories〉프로그램은 어린이들을 위한 역사 코미디쇼다. 역사교육을 '과거 위인을 통해 교훈을 얻는 것'이라고 비판적 사고 없이 당위적으로 교육받은 나는 처음 쇼를 보고 많이 놀랐다. 역사적 인물을 저렇게 우스꽝스럽게 표현해도 되는 거야? 너무 잔인한 표현을 쓰는 게 아닌가? 의문스러웠다. 프로그램에 나오는 역사적 주인공에게 노래와 춤은 기본이다. 같이 보고 있으면 터져 나오는 웃음을 참기 힘들 정도다.

뮤지엄 오브 런던에서도 어린이들을 위한 TV쇼처럼 끔찍하고 잔인하거나, 더럽거나 부끄러울 수 있는 역사적 사실을 가감 없이 그대로 알리는 역할을 충실히 하고 있다. 이곳에서는 친숙하고 쉽게 역사적 사실을 알리기 위해 어린이들을 위한 다양한 워크숍이 진행된다. 활동지는 직접 박물관에 가지 않아도 홈페이지에 있는 PDF 파일을 다운받아 출력할 수도 있으니 미리 출력해서 읽어보고 박물관을 방문해도 좋을 것이다. 또한 박물관에 방문하면 홈페이지에는 없는 다양한 주제의 활동지를 1파운드로 살 수 있으니 참고하자.

영국에서 사는 외국인으로서 아니면 관광객으로서 영국의 역사에까지 관심이 미치지 않을 수도 있다. 박물관에서 진행되는 워크숍보다는 놀이공원에서 놀이기구를 타거나 쇼핑이 더 하고 싶을 수 있다. 그래도 워크숍에 참여해보라고 권하고 싶다. 워크숍은 참가자들과 많은 대화를 나눌 기회가 생각했던 것보다는 없기도 하고 소소한 이벤트라 시시하게 일찍 끝나기도 한다. 그래도 강사의 이야기를 들으며 영감을 얻고 참가자들과 함께 생각을 공유하고 공동 작업을 하는 과정은 현지인과 함께 섞여 소속감을 느끼며 소통할 수 있는 흔하지 않은 기회를 제공한다. 그 어떤 체험보다 특별할 것이라고 확신한다.

박물관에서 하룻밤을

　　태영이에게 있어 첫 슬립오버Sleepover는 브라우니BROWNIE ― 걸스카우트와 비슷한 단체로 지역구에 따라 구역별로 활동 ― 에서였다. 브라우니 아이들이 잠자리 준비물을 챙겨오는 모습은 각양각색이었다. 엄마와 아빠가 모두 총동원되어 침대에 있는 이불과 베개를 몽땅 챙겨온 듯한 아이, 자기 몸집만 한 베개를 땅에 질질 끌고 오는 아이, 집에서 끌어안고 자던 인형을 들고 오는 아이까지. 그 모습이 아직도 눈에 선하다. 처음에는 조금 머쓱해하고 밤에 무서우면 어쩌나 걱정하던 태영이는 다음 날 아침 데리러 가보니 내 얼굴은 볼 생각도 안 하고 아이들과 떠들기 바빴다. 쿠키도 굽고, 자기 전에는 따뜻한 코코아를 마시며 영화를 보고, 아침에 일어나 간단한 아침을 함께 준비해 먹었다는 이야기를 듣는 것만으로 나도 함께 슬립오버를 한 듯 마음이 들떠 올랐다.

　　브라우니에서 진행하는 슬립오버와는 다르지만 뮤지엄 오브 런던에서도 슬립오버가 진행된다. 박물관에서 슬립오버가 진행된다고 하니 매우 이색적이고 놀라운 일이지만 아쉽게도 영국에 사는 동안에는 알지 못했던 이벤트다. 어둡고 조용한 박물관 이곳저곳을 전기 횃불을 들고 함께 관람한다고 하는데, 상상만으로도 근사하다. 호기심 많은 아이는 신이 날 것 같다. 반면 겁 많은 몇몇 아이들은 울음을 터뜨릴지도 모른다. 밤에는 친구들과 잡담을 하다가 진행 요원에게 혼이나 겁을 먹을지도 모른다. 하룻밤을 보내고 아침에 일어나서 영화를 보며 간단한 아침도 먹는다고 한다. 아마 참가자들은 다음 날 아침에 밤사이 친해진 새로운 친구와 헤어지기를 아쉬워할 것이다. 뮤지엄 오브 런던뿐 아니라 브리티시 뮤지엄과 내추럴 히스토리 뮤지엄에서도 슬립오버가 진행된다. 특히 내추럴 히스토리 뮤지엄의 경우 '다이노 스노어 포 키즈Dino Snores for Kids'라는 이름을 걸고 멋들어진 공룡관 주변에서 행사가 진행된다. 벤 스틸러 주연의 영화 〈박물관은 살아있다〉처럼 방문객이 모두 떠난 박물관을 체험해볼 수 있다. 공룡에 관심이 많고 용감한 어린이라면 꼭 참여해보면 좋은 행사일 것 같다.

　　반면 아이의 생각은 다를 수 있다. "박물관에서 잠을 자면 정말 멋질 거 같지 않아?"라는 나의 질문에 중3이지만 여전히 겁이 많은 딸아이는 "무서울 거 같아."라고 대답한다. 그 말을 들으니 그럴 수도 있겠다 싶다. 반드시 아이의 의견을 묻고 행사 참여를 고려해봐야 할 것이다. 아무래도 어린아이들을 대상으로 하는 하루 행사다 보니, 주의 사항이 PDF 파일로 따로 만들어져 꼼꼼히 적혀 있다. 7~11세 어린이가 참가 대상이며 박물관마다 특색은 조금씩 다르지만, 꼭 어른과 동행해야 한다는 점은 공통된 조건이다. 동반 가능한 어린이 수부터 참가비용까지 꼼꼼히 확인해보고 예약을 하자.

가치의 재발견 공간의 재탄생 (Place)

유럽을 처음 방문했을 때에는 기차 창밖으로 보이는 풍경만 봐도, 걸어 다니며 스쳐 지나가는 사사로운 것에도 '어머!' 소리를 연발했다. 내 나라에서는 보지 못했던 이국적인 모습에 어리둥절해 하며 보이는 것 하나하나가 이색적으로 느껴졌다. 그러다가 며칠이 지나면 금세 익숙해져버리고 감탄사를 내는 것조차 피곤해지는 때가 온다. 내일이면 또 볼 수 있을 것이라는 착각에 빠져 주위의 것을 눈여겨보지 않고 대충 흘려보내게 되기도 한다. 브리티시 뮤지엄의 정문 모습을 여행 첫날에 본다면 '와!'라는 감탄사를 던지겠지만 이미 익숙해져버린 후라면 그 특별함을 인지하지 못하고 그냥 쑥 정문으로 들어서게 될 가능성이 크다. 고국으로 돌아와 그리스 신전을 연상시키는 조형물을 붙여놓은 서울 시내 백화점 정문 모습을 보면 어색하고 조잡하게 느껴질 수도 있다. 그제서야 여행 당시 눈여겨보지 못했던 영국 박물관의 모습을 그리게 될 것이다. 그러니 비슷한 건물이 반복되는 듯해서 조금 지치더라도 마음을 내주고 찬찬히 살펴본다면 그 순간을 즐길 수 있을 뿐만 아니라 여행이 끝나고 돌아와서도 아쉬운 마음이 덜 할 것이다.

　　브리티시 뮤지엄에는 많은 사람들이 무심코 지나칠 장소가 있다. 건물의 입구로 들어서면 커다란 광장이 보이면서 바로 분위기가 과거에서 현재로 전환이 되지만, 대부분 사람들은 광장을 제대로 볼 겨를도 없이 시간에 쫓기어 좌측 건물에 있는 이집트관이나 우측에 있는 전시실로 곧장 가게 된다. 그러지 말고 잠시 여유를 찾고 고개를 들어 천장을 보고 주위를 살펴보면 좋겠다. 광장 중앙에는 원형 건물이 있고 그 건물을 기둥 삼아 광장 전체가 조각조각의 유리로 만든 거대한 지붕으로 덮여 있다는 것을 알 수 있다. 햇빛이 수천 개의 삼각형 유리 패널을 통해 박물관 중앙 광장으로 들어오고 그 빛을 받아 반짝이는 대리석 바닥과 광장은 쾌적함을 선사한다.

그레이트 코트Great Court라 불리는 이곳은 재미난 역사적 사실이 있다. 광장 한가운데 기둥 역할을 하는 원형 건물은 사실 옛날 영국도서관 건물이었지만 도서관은 세인트 판클라스로 확장 이전하였다. 박물관 밖 다른 건물과 건물 사이에 있던 공간의 가치를 다시 살펴보고 쓸모 있는 새로운 공간으로 생기를 불어넣은 것은 영국사람들의 장기다. 마당에 천장이 생겼으니 밖에 비가 와서 몸이 축축해졌을 때 잠깐 들어와 쉬다 가도 좋고, 계단에 걸터앉아 사람을 구경해도 좋고, 책을 읽어도 좋은 곳으로 변신하였다. 새로운 건축물이 사람들의 관심을 끌고 브리티시 뮤지엄을 한 번이라도 더 방문할 수 있도록 유혹한다.

유물과 친해지기 (Shop)

    과거의 유물이 아무리 역사적으로 의미가 있다 해도 대중과 소통을 배제한 채 전시만을 고집한다면 유물은 점점 대중에게 외면당하게 될 것이다. 그러나 유물에 새로운 가치를 입히고 우리가 직접 쓸 수 있는 물건으로 만든다면 그것은 생명력을 얻고 바깥세상으로 나올 수 있다. 영국에서는 최근 다양한 프로젝트를 통해 박물관 소장품을 시대에 걸맞게 활용하자는 취지에서 박물관 담당자, 디자이너, 예술가가 함께 노력한다. 만들어진 물건은 박물관의 샵에서 판매하고 있다. 그런 의미에서 박물관의 샵은 새로운 용도로 태어난 유물을 만날 수 있는 또 하나의 전시관이다.

〔British Museum, Shop〕

    고대 이집트 미라가 들어있던 관이 필통으로 재탄생했다. 그 속에는 연필이 들어 있다. 이집트 상형문자를 해독하는 열쇠인 로제타스 톤 Rosetta Stone 은 북적이는 사람들 탓에 제대로 볼 수도 없었는데 내 손안에 들어오는 깜찍한 제품으로 만날 수 있다. 그 도도하던 커다란 돌을 내 방 책장에 세워두고 자꾸 쓰러져 눈살을 찌푸리게 했던 책을 받치는 용도로 사용할 수 있다.

　너무 가벼워진 유물의 의미에 고고학자들은 머리를 절레절레 저으며 눈살을 찌푸릴수도 있다. 하지만 유물에서 영감을 받아 새롭게 만들어진 친근한 물건이 유물 자체의 가치를 훼손시키지는 않을 것이다. 위엄과 신성함을 유지하기보다 새로운 용도로 태어난 유물을 사용하며 즐거움을 느끼다 보면 박물관을 꼭 다시 가지 않고도 과거를 되새기며 또 다른 상상을 하게 될 것이다.

〔London Transport Museum, Shop〕

런던 지하철에서 느끼는 불편함을 얘기하자면 사실 한두 가지가 아니다. 지하철을 탔을 때 귀가 찢어질 듯한 소음에 적응이 안 되고 냉방 시설이 갖춰지지 않은 좁은 전철 안은 덥고 답답했다. 어떤 역은 유독 열차와 플랫폼 사이 간격이 너무 넓기 때문에 자칫하다가는 그 사이로 빠질 위험이 도사린다. 그런데 신기하게도 어느새 몸은 불편함에 적응하며 나는 유유자적 지하철을 타고 다녔다. 위협적이고 또랑또랑한 '마인 더 갭Mind the Gap'을 외치는 기계 목소리가 그리운 지금, 오랜 시간 많은 사람에 의해 유지 보수되어 오늘도 덜컹덜컹 아슬아슬하게 목적지를 향해 달려갈 런던의 지하철은 미워할 수가 없다. 불편하지만 사랑할 수밖에 없는 이유는 디자인의 힘이 크다. 오래되고 복잡한 지하철역은 절제되고 통일된 디자인으로 단정함을 유지한다. 정해진 장소에 붙어 있는 통일된 크기의 광고와 공익광고 포스터는 오래되어 칙칙한 역을 활기 있게 단장해준다.

런던 트랜스포트 뮤지엄 샵에서는 마음에 들었던 지하철역, 기차역, 버스 안처럼 내 방을 꾸밀 수 있는 실물에 가까운 상품을 살 수 있다. 빨간색 이층 버스, 블랙캡, 런던 지하철 로고 등 대표적인 헤리티지 디자인 제품뿐만 아니라 미처 생각지도 못했던 버스, 지하철, 기차역 어디선가 본 듯한 상품을 만날 수 있다. 전철역에서 보고 마음에 들었던 공익광고 포스터나 벽에 붙어 있던 역 이름과 각종 안내판 등을 실물 크기로 제작해 판매하고 있다. 온라인 샵에는 '최고의 인재를 고용하여 다양한 제품을 만들고 있다'라고 소개하고 있다. 이것이 과장이 아니라는 게 실감날 만큼 단순한 박물관 샵을 넘어 런던 최고의 디자인 상품을 판매하고 있다. 런던 트랜스 포트 뮤지엄의 경우 성인은 입장료를 내야 하는 것이 흠이지만 다행히 샵과 레스토랑은 입장료 없이 이용할 수 있으니, 코벤트 가든 근처에 간다면 시간을 할애해서라도 꼭 방문해보면 후회가 없을 곳이다.

〖Museum of London, Shop〗

이웃에 살던 고양이가 있었다. 고양이는 예민한 동물이라고 알고 있었는데 이 녀석은 너무나 천연덕스러웠다. 집 대문 앞에 퍼져 누워 있다가 문이 열리면 자기 집인 양 들어와서 편안한 자리를 찾아 쉬곤 했다. 어찌나 순하고 귀여운지 이웃집 고양이가 찾아오지 않는 날이면 언제 오려나 기다리곤 했다. 한국에 돌아와 가장 그리웠던 것 중 하나가 이웃집 고양이 '미미'였다. 그렇게 미미를 그리워하던 어느 날 고양이 '설록'이 언니네 집으로 입양되었다. 우리의 사랑을 독차지하는 녀석을 기쁘게 해줄 일이라면 뭐든지 할 수 있다는 마음가짐과 함께.

겨울에 런던 박물관에 다시 간 이유는 순전히 설록에게 선물할 쥐 인형을 사기 위해서였다. 다행히 매대에는 고무 쥐가 가득했다. 흰 쥐 가득, 검은 쥐 가득. 바구니에 한 마리 한 마리 담는데 태영이는 자꾸 징그럽다고 그만 사라고 나를 말렸다. 봉지에 담긴 고무 쥐는 정말 징그럽기도 했지만 설록이 좋아할 생각을 하니 마음은 흡족했다. 이 징그러운 고무 쥐는 아이들이 좋아하는 대표 상품이다. 어린이 눈높이로 만들어진 아크릴 통에 담긴 고무 쥐는 이 박물관의 대표적인 기념품으로 샵 입구에 자리를 잡고 있다. 페스트균을 전파한 쥐가 무섭고 부끄러울 법도 하지만 영국인들은 오히려 상품화시켜 아이들에게 역사적 사실을 상기시키며 판매하고 있다.

또 뭐 살 것이 없나 둘러보던 중에, 서프러제트Suffragette— 20세기 초 영국과 미국의 여성 참정권 운동가— 를 기념하는 상품들을 유심히 보다가 달력과 인형을 샀다. 서프러제트 기념 달력을 보며 여성 참정권을 얻기 위해 처절히 싸웠던 그녀들을 떠올렸다. 감사한 마음을 하루하루 깊이 새겼다.

이렇듯 박물관의 샵은 전시를 기획하고 유물을 수집 보전 연구하는 박물관의 역할을 확장한 또 하나의 전시실이기도 하다. 이곳은 전시 기획 의도를 되새겨보는 역할을 톡톡히 한다. 박물관 샵을 찾는 사람들은 그들의 현대적 감각을 만족시키는 상품을 구매하고 사용함으로써 박물관에 전시된 유물이나 작품을 기억하게 될 것이다.

츄츄 토스트 (Cafe)

런던 트랜스포트 뮤지엄에 있는 Upper Desk Cafe에는 어린이들을 위한 메뉴를 '포 더 리틀 원FOR THE LITTLE ONE'이라고 분류하고 판매한다. 너무 귀엽지 않은가? 어린이들에 대한 배려가 느껴지면서 특별한 이유 없이 사 먹고 싶어지게 한다. 그중에서도 손잡이가 달린 빨간 이층 버스 상자에 원하는 음식을 골라 담아 먹는 '키즈 런치 박스Kids Lunch Box'가 인기가 많다. 박물관 안에서 어린이들이 이 상자를 들고 다니는 모습을 흔히 볼 수 있었다.

또 눈에 띄는 메뉴는 '자연 방사란으로 만든 스크램블 에그와 츄츄 토스트Free Range Scrambled eggs with Choo Choo Toast'다. 'Choo Choo'는 도대체 무엇으로 만든 음식일까? 어떤 토스트가 나오는 것일까? 주문해서 확인해야 했는데 못했다. 뒤늦게 무척 궁금해진다. 재치 있는 유머는 메뉴뿐만이 아니다. 카페에 있는 의자를 감싼 천은 이층 버스와 똑같아서 마치 실제로 버스에 탑승한 기분이 든다. 음식을 주문하면 대기표를 주는데 실물과 똑같이 디자인한 축소된 런던 버스 표지판이다. 정류장에서 버스를 기다리듯 어떤 음식이 도착할지 기대하며 기다리는 시간이 지루하지 않다.

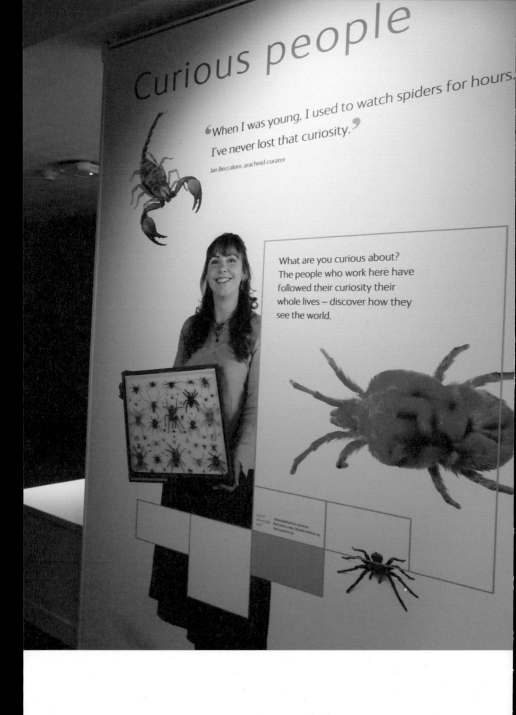

Curious people

"When I was young, I used to watch spiders for hours. I've never lost that curiosity."

Jan Beccaloni, arachnid curator

What are you curious about? The people who work here have followed their curiosity their whole lives – discover how they see the world.

SCIENCE 과학

사이언스 뮤지엄

내추럴 히스토리 뮤지엄

런던에 있는 대표적인 과학 분야 박물관은 내추럴 히스토리 뮤지엄과 사이언스 뮤지엄이다. 두 박물관은 엑시비션 로드를 두고 사이좋게 인접해 있다. 그렇지만 서로 경쟁이라도 하듯 내추럴 히스토리 뮤지엄은 지구상에 존재하는 생물, 무생물에 관련한 방대한 소장품과 전시물을 전시하고 있고, 사이언스 뮤지엄도 이에 질세라 기초과학부터 첨단과학과 현재의 과학 이슈에 이르기까지 어마어마한 전시 물량을 선보인다. 많은 표본과 소장품은 과학박물관— 이하 내추럴 히스토리 뮤지엄과 사이언스 뮤지엄을 통칭할 경우 과학박물관이라고 한다— 의 자랑거리이며, 얼마나 많은 전시물을 박물관이 보유하고 있는가에 대중의 관심이 집중된다. 하지만 자칫 전시물에 감탄하고 구경만 하는 구경꾼이 되어 버린다. 나도 맨 처음 과학박물관에서 전시물을 보며 감탄사와 함께 사진을 찍은 것이 전부였다.

과학박물관 역시 대중에 대한 교육과 소통의 역할을 하고 있다.

그러나 일반 대중을 상대로 하는 교육 활동에는 조금 소홀하다고 느껴진다. 그 이유는 학교 현장에서 이루어지는 과학교육을 지원하는데 좀더 많이 집중하기 때문인 듯하다. 일반 대중, 특히 아이들에게는 지식 전달을 위한 활동보다는 호기심을 끌어내는 역할을 우선으로 한다. 다른 박물관에서 드롭인 형식으로 진행되는 이벤트나 액티비티로 워크숍을 대체한다. 과학박물관에 처음 방문한다면 박물관의 의도대로 교육적인 목적은 뒤로하는 것도 좋은 방법이다. 우연히 접하게 되는 전시물을 통해 호기심이 생기고 체험을 통해 하나하나 알아가는 과정에서 기존에 가지고 있던 지식과 연계해 오래 기억할 수 있도록 전시가 기획되어 있다. 수많은 전시물 사이사이에는 직접 체험할 수 있는 전시물과 전시관이 마련되어 있어 규모가 크고 전시 물량이 많음에도 힘들지 않게 박물관 관람을 할 수 있다. 방문 전에 아이가 흥미 있어하는 주제로 동선을 정해두고 아이 스스로 궁금했던 것을 찾아볼 수 있도록 조금씩 도와준다면 어렵지 않은 관람이 될 것이다. 그렇더라도 교육 활동이 빠진 과학박물관은 자칫 놀이동산 같은 느낌을 같게 한다. 과학은 어려운 게 사실이지만 재미 위주의 이벤트 참여는 부수적인 흥밋거리에만 집중하게 만들지도 모른다.

과학박물관을 처음 방문했을 때 재미에 집중했다면 그다음에는 보는 단계를 넘어 생각해보고, 궁금한 것을 물어볼 수 있는 전시관을 찾아가보자. 호기심을 해결할 수 있는 전시나 전시관이 있다. 과학박물관 안에는 실제로 과학자들이 연구 활동을 하는 연구실도 있다. 그곳에서 어떤 프로젝트가 진행되고 있는지 찾아가보고, 과학자들이 직접 진행하는 토론 활동에도 참여해보면서 보다 적극적으로 과학박물관을 활용해보자. 과학박물관에 쉽게 접근할 수 있고 활용할 수 있다는 깨달음은 과학에 대한 막연한 어려움을 극복하는데 도움을 줄 것이다.

사이언스 뮤지엄
Science Museum

사이언스 뮤지엄은 아이들의 과학적 호기심을 끌어내기에 최고의 장소다. 일반 대중에게 제공하는 워크숍을 간단한 이벤트 형식으로 진행해 아쉽기는 하지만 커다란 규모의 박물관 안에서 지치지 않고 유익하게 시간을 보낼 수 있게 해준다. 중앙에 있는 인포메이션 데스크 근처나 각 층에 마련된 '왓츠 온What's on' 게시판을 통해서 일정을 확인해보고 이벤트와 액티비티에 맞춰 관람 동선을 짜는 것도 박물관을 수월하게 관람하는 방법 중에 하나다. 미리 홈페이지에 들어가 이벤트를 찾아보려면 '씨 앤드 두See and do' 메뉴에서 확인해볼 수 있으니 참고하자.

웅장한 규모의 박물관도 좋지만 수시로 들러 학교에서 배웠거나 평소 궁금했던 과학적 호기심을 해결할 수 있는 곳이라면 더 좋다. 쉽게 질문하고 답변을 얻고 새로운 궁금증을 얻어가는 사이언스 뮤지엄이 되기를 바라본다. 내 생각은 이러하지만, 사이언스 뮤지엄에 대한 자료를 보자마자 태영이는 반사적으로 "나 여기 좋아하는데."라고 한다. 왜 좋냐는 질문에 "할 게 많아서."라고 대답한다. 아이의 답변처럼 할 것이 많은 곳이다. 그래서 아이들이 좋아하는 곳이다.

체험을 넘어 시연까지

　몇 년 전까지만 해도 '론치패드Launchpad'라 불리던 과학 체험 놀이 터는 이 뮤지엄에서 가장 인기가 많은 곳이었다. 뮤지엄에 도착해서 다른 곳을 들르지 않고 서둘러 바로 간 적이 있다. 그런데도 아이들이 적지 않아 순서를 기다리며 놀아야 했다. 그렇게 인기가 많던 론치패드는 2015년 11월 1일 문을 닫았다. 그리고 2016년 '원더 랩Wonder Lap'이라는 새 이름으로 새롭게 개관하였다. 전보다 장소가 넓어지고 내부 구조와 놀이 형식도 완전히 바뀌었다. 기존의 론치 패드가 항상 북적이는 관람객으로 이용이 어려웠던 단점을 보완하려는 듯 원더 랩은 입장권을 소지한 관람객만 받는다. 아직 가보지 못했지만 돈을 받고 관람객을 받으니 분명히 예전보다 덜 혼잡하고 잘 운영될 것이라 생각한다.

원더 랩은 수학, 전기, 힘, 우주, 빛, 물질, 소리(Maths, Electricity, Forces, Space, Light, Matter, Sound) 이렇게 7개의 카테고리로 방이 분류되어 있다. 50여 개의 전시를 통해 시연하고 체험을 통해 궁금했던 과학적 원리를 조금 더 깊이 이해할 수 있게 설계되었다. 물질관에서는 고체에서 기체로 변하는 드라이아이스의 원리를 시연하는 케미스트리 바Chemistry Bar가 새롭게 만들어졌다. 이곳에서는 관람객들이 더 가까이에서 체험할 수 있다. 특히 원더랩 안에서는 익스플레이너Explainer에게 궁금한 점을 직접 질문하거나 도움을 요청할 수 있다. 어떤 과학자는 실패 없는 체험, 강사를 그저 따라 하는 체험은 진정한 과학적 체험이 될 수 없다고 했다. 아직 가보지 못한 원더 랩에서의 체험 활동이 아이들에게 어떤 기회를 제공할지 궁금해진다.

　　론치 패드에서 가장 인기가 많았던 사이언스 쇼는 새롭게 단장한 원더 랩에서도 여전히 대표적인 프로그램으로 진행되고 있다. 사이언스 쇼는 7~14세 어린이들을 대상으로 20분 동안 진행된다. 폭발과 화재, 로켓과 우주, 전기, 수학에 이르기까지 4개의 주제로 다양한 쇼가 진행된다. 예전의 쇼가 말 그대로 쇼에 가까웠다면 새롭게 바뀐 쇼는 시간도 길어지고 내용도 깊어졌다.

유쾌하게 자연스럽게 그리고 진지하게

전시물 앞에서 우연히 만나게 되는 스토리텔링이나 연극 공연 Drama Presentation은 박물관 관람에 재미를 더해주고 많은 전시물을 보느라 생긴 피로도 덜어준다. 비행기관에 들어서면 전시관 천장부터 바닥까지 꽉 차 있는 실물 비행기에 압도당한다. 여객기를 마치 무 썰 듯 잘라 전시해둔 모습에 놀라서 얼이 빠진다. 뭔가 자세하게 보고 싶지만 마음과 달리 전시물 옆에 적혀 있는 영어로 된 설명이 눈에 잘 들어오지 않아 머리가 어지러워진다. 그래도 마음을 다잡고 하나하나 천천히 전시물을 보고 있었는데 느닷없이 박물관 직원으로 보이는 사람이 나타나 전시관에 있는 아이들을 불러 모았다.

스토리텔링은 영국에서 오스트레일리아까지 단독으로 횡단 비행한 최초의 여성 조종사 에이미 존슨Amy Jonson이 실제로 탔던 비행기 앞에서 진행 되었다. 남녀 차별이 심했던 1930년대에 비행사는 특별한 사람 몇 명만이 할 수 있는 신성불가침의 영역으로 여겨졌던 직업이다. 그런 시절에 비행사가 된 에이미 존슨의 이야기에 참가자 모두 귀를 기울인다. "당시 비행사가 입었던 옷과 모자를 누가 써볼까요?"라는 질문이 끝나기가 무섭게 태영이는 손을 들었고, 운 좋게 뽑혔다. 당시의 비행복을 입은 태영이는 몸을 지탱하기도 힘든 모습이었다. 그렇게 무거운 옷을 입고 생명을 담보로 하늘을 비행했던 수많은 비행사에게 존경을 표하고 싶어진다. 어린아이들을 위한 스토리텔링이었지만 조용히 뒤에서 지켜보던 내 마음은 누구보다 요동쳤다.

스토리텔링이 끝나고 사람들이 다 흩어지고 난 뒤에 이런 기회가 아니었다면 그냥 지나쳤을 전시물 앞에서 다시 한번 천천히 에이미 존슨의 이야기를 살펴보게 되었다. 안내문에 적힌 '그녀의 꿈은 오로지 하늘을 나는 것'이란 글이 가슴을 울렸다.

또 한번 우연히 만난 1인 연극 공연이 기억난다. 멀리서 걸어오는 모습이 범상치 않았다. 검고 긴 곱슬머리를 하고 나타난 아저씨는 자신을 아이작 뉴턴이라고 소개했다. 웃음이 입 밖으로 터져나오려고 하지만 애써 참았다.

뉴턴은 들고 있던 사과를 보여주며 '만유인력의 법칙'을 아이들이 이해하기 쉽도록 유쾌하게 설명주었다. 아이들은 바닥에 옹기종기 앉아 뉴턴이 하는 동작 하나하나와 이야기에 집중했다. 웃으면 안 되는데 자꾸 웃음이 나왔다. 웃으면 안 된다. 많은 사람을 유쾌하게 만들고 지식을 전달하는 그분은 프로니까!

사람의 도움 없이도 전시물과 소통을 가능하게 하는 전시관이 있다. '인터랙티브 갤러리Interactive Gallery'라 불리는 이곳에서는 새로운 미디어와 기술을 도입한 전시 연출을 보여준다. 오디오, 비디오 기술의 한계를 벗어나 관람객의 행동을 감지하는 센서에 의해 반응하는 시스템에서부터 최첨단 디지털기술을 사용하여 일방향적인 전시관람을 넘어선다. 마치 전시물과 대화를 하듯이 물음에 대한 답을 관람객이 직접 입력하거나 음성을 인식을 통해 관련된 답을 주고 받을 수 있다. 이러한 디지털 환경은 일상에서는 경험할 수 없는 새로운 공간을 창조해낸다. 물리적 공간의 한계를 극복하여 전시 공간을 무한대로 확장하기도 한다. 8세 이하 어린이들이 터치스크린을 통해 자유롭게 놀면서 패턴을 이해하고 공감각을 발달시키는 데 도움을 주는 '패턴 팟Pattern Pod'관, 인간의 뇌와 DNA가 우리에게 끼치는 영향이나 생물학적 차이 등을 알려주는 '후 엠 아이Who am I'관 등이 사이언스 뮤지엄에 있는 대표적인 인터랙티브 갤러리다. 특히 '애트모스피어Atmosphere'관에서는 지구온난화 및 환경오염 등에 대해 창의적이고 재미있는 방법으로 친근하게 아이들의 사고에 접근한다. 그리고 자연스럽게 아이들이 살고있는 지구를 이해하고 문제를 인식하게 도와준다. 강요가 아니라 스스로 하고 싶어서 하는 행동과 실천이야말로 저절로 익혀진 습관처럼 꾸준히 이어갈 힘이 되어줄 것이다.

더 가든The Garden은 박물관 안에 마련된 놀이터로 3~7세 사이의 어린아이들이 신나게 놀 수 있는 곳이다. 어린아이들에게 과학적 원리를 읽어주고 설명한다고 이해할 아이가 몇 명이나 될까? 이곳에서는 학습

이나 설명이 아니라 놀이기구 하나하나에 과학적 원리가 숨겨져 있다. 줄을 잡아당겨 도르래에 담긴 모래주머니를 높은 곳으로 올려보고, 높은 곳에서 모래주머니를 떨어뜨려 보면서 중력의 원리에 접근해본다. 물의 흐름, 물체가 뜨고 가라앉는 원리와 빛의 반사 등 과학적 원리를 이용한 놀이기구 앞에서 준비된 비닐 옷을 입고 정신없이 노는 아이들이 귀엽기만 하다. 관리자들은 입장하는 모든 어린이에게 눈에 띄는 빨간색 윗옷을 입혀준다. 주의 깊게 꼼꼼히 어린아이들의 안전을 신경 쓰는 모습이 인상적이다.

내추럴 히스토리 뮤지엄
Natural History Museum

내추럴 히스토리 뮤지엄을 생각하면 흔히 거대한 공룡 뼈 전시를 떠올리지만, 주제에 따라 색깔별로 구분한 네 개의 존Zone에 어마어마한 표본과 전시물을 보유, 전시하고 있다. 무엇보다 이곳에는 과학에 관심이 많은 관람자의 호기심을 풀어줄 수 있는 특별한 전시관이 숨겨져 있다. 체험 전시관에서의 활동만으로는 풀리지 않은 궁금증이 있게 마련이다. 과학 연구실Investigate Centre은 궁금한 것을 질문하거나 좀더 자세하게 관찰하고 싶은 어린이들을 위한 곳이다. 과학에 관심이 많다면 실제 과학자들의 연구 활동을 볼 수 있게 개방해놓은 연구실에 방문할 수도 있다. 과학을 대하는 자세를 엿볼 수 있는 생생한 라이브 토크도 있으니 영어에 능통하지 않다고 해도 사전에 일정을 확인하고 참여해보면 과학의 세계에 좀더 가까이 다가갈 수 있다.

아이들이 좋아해요

    활동지에 간단한 답변을 적어가면서 공룡관을 관람하면 관람하기가 훨씬 쉽고 유익하다. 아무리 흥미로운 전시물도 안내판의 글을 읽고 전시물을 보기만 하는 관람은 지루하고 힘들다. 활동지도 한 번에 다하겠다는 욕심은 버리는 게 좋다. 할 수 있는 만큼 분량을 정해서 답을 찾아가는 게 이상적이다. 공룡, 광석, 동물 등을 제목으로 한 활동지는 5~12세 어린이들을 대상으로 만들어졌는데 힌츠홀Hintze Hall 인포메이션 데스크에서 판매한다.

    좀더 나이가 어린 아이들이라면 탐험가 배낭Explorer backpacks을 빌릴 수 있다. 배낭 속에는 쌍안경, 탐험가 모자, 색연필과 안내서 등 박물관 탐험을 위한 물건들이 가득 채워져 있다. 탐험가 모자를 쓰고 박물관 안에서 꼬마 탐험가가 되어볼 좋은 기회다.

꼬마 과학자가 되어보자

과학박물관을 관람하다 보면 질문이 많이 생긴다. 이해가 가지 않는 것이나 더 알고 싶은 점을 물어보고 싶을 때 아쉽게도 딱히 물어볼 사람이 없다. 어느 과학자는 자신이 꿈꾸는 과학박물관이란 비싼 전시 장비나 많은 전시물이 있는 곳이 아니라 질문에 답해줄 수 있는 튜터가 많은 곳이라고 말했다. 그의 말처럼 박물관 구석구석에 질문에 답해줄 수 있는 친절한 튜터가 있다면 그보다 더 좋을 수 없다.

'과학연구실Investigate Centre'에는 항상 상주하고 있는 과학 교사가 있으니 평소에 궁금했던 자연과학과 관련된 질문이나 박물관 관람 중에 생긴 궁금증에 대하여 얼마든지 물어보고 답변을 얻을 수 있다. 그뿐만 아니라 뭘 해야 할지 몰라서 주저하고 있는 어린이나 학생들에게는 다양한 활동을 제안하고 도움을 준다. 과학연구실에서는 300가지가 넘는 자연과학 표본을 직접 만져보고 현미경으로 보면서 탐구할 수 있다. 각

세션에는 주제별로 다양한 질문지가 준비되어 있어서 질문에 대한 답을
스스로 찾아가면서 알고 있는 지식은 다시 한번 확인하고, 몰랐던 사실
은 배울 수 있다. 이곳에서는 자연의 원리를 체득하고 이를 바탕으로 자
연을 다시 바라볼 수 있도록 유도한다. 실제로 태영이는 당시 학교 과학
시간에 사람 뼈를 주제로 공부하고 있었는데, 직접 사람 뼈 표본을 보며
궁금했던 점을 질문하고 설명을 듣기도 했다.

일반인에게 공개하는 연구실

내추럴 히스토리 뮤지엄을 서너 번 방문했지만 체험해보지 못한 것들이 수두룩하고 몰랐던 곳이 한두 곳이 아니다. 방문하지 못해서 가장 아쉬운 곳 중 하나는 다윈 센터Dawin Centre 였으나 다행히 최근에 방문하였다. 다윈 센터가 위치한 오렌지 존은 건물로 들어서는 입구 모양부터 곤충 고치처럼 생긴 둥글고 커다란 유리 벽면으로 되어 있다.

코쿤Cocoon이라는 이름의 이 건물은 엘리베이터를 타고 꼭대기 층인 Level 7로 올라갈 수 있다. 박물관이 위치한 런던 중심가는 건물 높이에 제한을 둔다. 그래서 코쿤의 맨 위층에서 훌륭한 전망을 볼 수 있다. 전시관은 수많은 곤충 표본을 관람하면서 나선형을 그리며 걸어 내려오게 설계되어 있다. 내려오다 보면 코쿤 건너편에 있는 연구실도 볼 수 있다. 이를 통해 내추럴 히스토리 뮤지엄이 단순한 전시장이 아니라 과학자들이 연구 활동을 하는 연구실을 기반으로 확장된 곳임을 실감하

게 한다. 처음부터 연구 현장을 대중에게 공개할 목적으로 설립된 다윈 센터는 생물 표본에 관심이 많거나 과학자가 꿈인 학생은 물론 성인들도 방문하면 좋을 곳이다. 이곳에서는 전시실에 내놓지 않았던 생물표본과 연구 중인 프로젝트, 최첨단 연구 시설을 관람할 수 있다. 또한 연구원과 관람객이 대화할 수 있도록 관람 창을 만들었다. 운이 좋으면 연구원들에게 궁금한 점을 바로바로 물어보고 답을 들을 수 있는 기회도 얻을 수 있다.

다윈 센터를 통해 막연하게 느끼던 과학연구소를 직접 눈으로 보고 연구원들과 대화를 나누면서 연구소에서 어떤 일을 하고 있는지에 대한 궁금증을 해소할 수 있을 것이다.

다윈 센터에서 소장하고 있는 특별한 표본을 볼 수 있는 '비하인드 씬 스피릿 컬렉션 투어Behind the scenes- Spirit collection tour'는 절대 놓치지 말고 참여해야 할 활동이다. 단 비위가 약하고 겁이 많은 사람은 신중히 참가를 고려해야 한다. 독한 소독약 냄새와 병 속에 들어있는 희귀한 동물들

의 모습은 몸속의 모든 세포를 놀라게 할 만큼 기괴하고 무서운 것도 있기 때문이다. 그러하더라도 1800년대 과학자 찰스 다윈이 직접 수집한 표본부터 최첨단 연구가 진행되는 연구실을 볼 수 있다니 관람 기회를 놓치지 말자.

또한 영국의 동물학자 데이비드 애튼버러David Attenborough의 이름을 딴 애튼버러 스튜디오에서는 다양한 과학 주제에 대해서 과학자와 함께 이야기하고 토론하는 내추럴 라이브Natural Live가 주 6회 진행된다. 영어에 자신감이 없다고 해도 예약 없이 무료로 진행되는 행사이니 부담 없이 들러보자. 과학을 대하는 그들의 진지한 태도를 본다면 값진 경험이 될 것이다. 건물 밖 와일드라이프 가든Wildlife Garden에는 영국에 서식하는 1천여 가지의 동식물을 도심 속 확 트인 야외 공간에서 볼 수 있다.

이게 다가 아니야

내추럴 히스토리 뮤지엄에는 영화에도 많이 등장하고 항상 사람들이 바글거리는 장소가 있다. 그곳은 26미터 길이의 디플로도쿠스Diplodocus공룡의 뼈가 전시된 힌츠홀이다. 물론 믿기 힘들 정도로 커다란 크기의 공룡 뼈도 눈여겨봐야 하지만 주위에 다른 볼거리도 챙겨보도록 하자.

커다란 공룡 꼬리뼈 뒤에는 계단이 있다. 여기로 살짝 올라가면 진화론을 주장한 영국의 생물학자 찰스 다윈의 동상이 있다. 다윈이 그곳에 조용히 앉아 공룡에 열광하는 후손들을 어떤 생각으로 바라보고 있을지 궁금하다. 거기서 멈추지 말고 계단 꼭대기까지 올라가면 1300년 된 세쿼이아Sequoia가 공룡 머리뼈 쪽 맨 꼭대기에 있고 그 아래층에는 매머드의 두개골을 전시하고 있다. 건물 천장에는 1881년 박물관이 개관할 때 대중에게 공개된 162개의 그림판Painted panels이 붙어 있다. 손으로

직접 그린 그림판 속 식물의 삽화는 내추럴 히스토리 뮤지엄의 자랑거리로 매우 귀하게 유지, 보수되고 있다. 지구의 풍부한 식물을 보여주는 그림 중에는 레몬, 배와 같은 과일나무, 담배, 아편, 양귀비와 같은 약용 식물, 진달래, 홍채 및 해바라기와 같은 정원 식물까지 다채로우니 고개를 들어 천장을 꼭 보자.

　　이외에도 대중에게 많이 알려지지 않은 수많은 전시실과 전시물들이 곳곳에 자리 잡고 있다. 박물관 이곳저곳에서 1파운드에 판매하는 지도에는 놓치면 아까운 전시관이나 전시물을 보기 쉽게 그림으로 소개한다. 꼼꼼히 지도를 살펴보면서 숨겨진 보물을 찾아내듯 찾아가본다면 재미있는 박물관 관람이 될 것이다.

과학이 발달한 나라 맞아?

영국에 처음 정착하여 인터넷 설치를 하려고 전화로 접수를 한 적이 있다. 제대로 접수는 된 걸까? 연락도 없고, 괴로움에 몸부림치며 앞으로 어떻게 해야 하나 고민했다. 침대에 머리를 박고 있던 어느 날이었다. 한 통의 우편물이 요란한 소리를 내며 우편함을 지나 무심히 바닥에 떨어졌다. 첫 번째 우편물 속 안내문에 적힌 '접수했음(We got it!)'을 시작으로 며칠 후에 작은 상자가 집 안으로 던져졌다. 상자를 뜯어보니 달랑 무선 라우터와 설명서가 들어 있었다. 도저히 이해가 안 되는 상황이었지만 그것은 인터넷 설치를 위한 처음이자 마지막 단계였다.

진화론을 제창한 찰스 다윈이 태어난 나라, 만유인력 개념을 통해 태양계의 운동을 설명한 아이작 뉴턴이 공부했던 케임브리지 대학이 있는 나라. 그런데 그런 나라에서 이 뒤떨어진 시스템은 무엇이란 말인가? 그러다가 마음을 진정하고 '과학이 발달한 나라는 어떤 나라지?'하고 잠시 생각을 곱씹어보았다.

　　내가 기준을 두었던 과학이 발달한 나라에 대한 생각은 매우 단편적이고 단순했다. 빠른 속도의 인터넷 서비스, 고객이 필요를 느끼기도 전에 신제품이 나오고 생활의 편리함을 선사하는 정도가 과학이 발달한 나라에 대한 판단 기준이었다. 하지만 그건 과학이 발달한 나라이기보다는 생활이 편리하도록 서비스가 발달한 나라가 아닐까? 과학이 발달한 나라에 대해 천천히 생각해볼 필요가 있다. 더 중요한 것은 과학이 무엇을 위해서 발달해야 하는가이다. 이 문제도 깊게 생각해 볼 필요가 있다.

자작나무 숲 속 산소호흡기
(Place)

　　영국을 겨울에 방문하는 관광객들은 뼛속까지 스미는 추위를 겪어야 한다. 그들에게 보상이라도 해주듯 거리의 크리스마스 조명은 주변을 따뜻하고 아름답게 만든다. 내추럴 히스토리 뮤지엄도 크리스마스 시즌에는 크리스마스 조명과 트리 그리고 아이스링크까지 더해져서 화려하고 몽환적이며 따뜻한 분위기를 연출한다. 봄부터 가을까지는 아이스링크 대신 잘 관리된 잔디밭 위에서 휴식을 취하는 사람들로 붐빈다. 잔디밭 옆에 있는 아이스크림 밴, 커피와 차를 파는 빈티지 밴, 빅토리안 스타일 회전목마까지 더해져 동화 같은 풍경이 완성된다.

다윈센터 밖으로 나가면 다윈센터 코트야드_{Darwin Centre Courtyard}가 있다. 현대적인 다윈센터 건물을 배경으로 원형극장을 연상시키는 동그란 무대가 있고 그 주위를 둘러싸며 원을 그리는 낮은 계단 위에 푸른 잔디가 깔려 있다. 그 위에서 사람들은 휴식을 취하기도 하고 그곳을 각종 연회장으로 활용하기도 한다. 자동차가 다니는 퀸스 게이트 로드 쪽은 자작나무를 심어 마치 도시와 멀리 떨어진 조용하고 평화로운 전원처럼 느끼게 한다. 태영이와 나는 다윈센터 카페에서 샌드위치와 음료를 사서 다윈센터 코트 야드로 나와 하늘을 바라보며 휴식을 취하기도 했다. 가끔 날아오는 비둘기가 영 성가시기는 했지만, 아직 많이 알려지지 않은 공간이다 보니 사람으로 북적이는 공룡관을 지나 숨을 쉴 수 있었던 장소다.

자연을 생각하는 상품개발이 된다면 (Shop)

　　사이언스 뮤지엄과 내추럴 히스토리 뮤지엄에서는 과학이라는
같은 줄기에서 다른 특색을 보이는 다양한 종류의 상품을 판매한다. 내
추럴 히스토리 뮤지엄 샵에서는 공룡과 관련한 제품이 인기가 가장 많
다. 공룡은 많은 사람들이 그렇게 긴 줄을 서서 관람을 하고, 그것도 모
자라서 인형을 사서 품에 안는다. 그런데 이곳에서 판매하는 수많은 상
품을 보며, '과학의 발전과 맞물려 과도하게 생산해내는 물건들은 우리
에게 단지 즐거움만 줄까?'라는 생각이 들었다. 샵 구경을 좋아하는 소
비요정인 내가 할 말은 아닌 것 같기도 하지만 잠시 생각에 잠겨보았다.
참 어려운 문제다. 인간과 자연이 모두 함께 행복할 방법. 우리 모두 다
같이 생각해볼 심각한 문제다. 첨단과학과 자연과학을 소개하고 알리
는 두 박물관에서 과학에 흥미를 전파하고 과학적 원리를 알리기 위한
기념품을 넘어 자연과 환경을 고려한 기념품을 생산하고 판매할 날이

곧 오리라 믿는다. 그것이 앞으로 과학박물관뿐만 아니라 모든 박물관에 있는 샵이 풀어야 할 숙제일지도 모른다. 최첨단 과학기술의 발달로 편리한 생활을 누리며 살지만 결국 자연을 그리워하고 자연으로 돌아가려는 회귀본능처럼, 과학이 존재하는 이유는 결국 자연을 보전하기 위함이 아니겠는가?

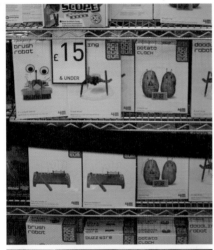

(Science Museum, Shop)

과학박물관 관람만으로 할 것이 너무 많아 시간이 금세 간다. 그렇다고 샵 구경을 포기하기에는 너무나 볼 것이 많다. 누구의 아이디어일까? 이곳에서 파는 기념품은 유머와 재치가 넘친다. 간식으로 우주비행사가 먹었을 법한 동결건조된 과일과 아이스크림을 판매한다. 이것을 먹는 순간만큼은 누구나 우주를 비행하는 용감한 우주비행사가 될수 있다. 중학교 과학 시간에 항상 헷갈렸던 심장 구조는 인형의 모습으로 환골탈태했다. 귀여운 눈을 달고 환골탈태한 뇌신경세포 인형과 함께 사이좋게 앉아 있다. 아 참, 화학 원소기호도 잘 외우지 못했다. 여기서 파는 원소기호 마그네틱을 사서 냉장고에 붙여가며 외웠다면 훨씬 수월했을까? 다양한 실험키트와 과학도서도 판매하고 있으니 전시 관람을 통해 생긴 호기심을 유지 발전시킬 수 있도록 이용해볼 만하다. 아이들은 코 묻은 돈을 들고 기념품을 부담 없이 군것질하듯 살 수 있다. 15파운드 이하의 작고 이색적인 장난감 매대가 샵 중간에 커다랗게 자리 잡고 있다.

〖Natural History Museum, Shop〗

　　이곳은 공룡과 관련된 상품을 판매하는 곳으로는 세계 최고가 아닐까 싶다. 공룡으로 변신 가능한 옷, 공룡 우산, 공룡 모자 등 온통 공룡이다. 그 현란한 공룡의 유혹을 빠져나오는 일이 가능키나 한 일일까. 그래서 박물관 관람을 끝내고 나오는 많은 아이들은 공룡을 하나씩 손에 들고 흡족한 표정을 짓고 있다. 반면 부모들은 어딘가 지쳐보이는 모습이다. 그 모습에 동질감이 느껴지며 나도 흐르는 땀을 닦아본다.

에너지가 필요해 (Cafe)

    과학박물관에서는 다른 어떤 박물관보다 머리를 많이 쓰게 된다. 아무리 쉽게 과학 원리를 설명해 둔 전시물이라도 과학 지식이 짧은 내가 원리를 파악하기 위해 용을 쓰다 보니 피로가 금방 느껴진다. 그럴 때는 단 음식이 먹고 싶거나 카페인 음료가 절실히 생각난다. 나같이 느끼는 사람이 한둘이 아닌가 보다. 과학박물관에는 층마다 색다른 먹을거리를 파는 이색적인 가게가 마련되어 있다. 고갈된 에너지를 그때그때 충전하며 관람할 수 있으니 아이에게 피곤하다는 핑계를 대고 박물관을 일찍 빠져나올 생각은 하지 말아야 한다.

사이언스 뮤지엄에 있는 카페 이름은 Energy Cafe다. 피로할 때 박카스만 봐도 눈이 쨍해지는 중독자라 그런가? 카페 이름만 봐도 왠지 피로가 풀리는 듯하다. 하지만 판매하는 음식은 평범하다. 따뜻한 피자부터 샌드위치와 샐러드, 과일이나 스낵, 키즈밀 등이다. 오래 실내 관람을 하느라 혹시라도 부족할 수 있는 비타민 D 섭취를 도와주려는 걸까? The Sun Cafe에서는 사이언스 뮤지엄의 사려 깊음이 전해진다. '비트 뿌리 라떼', '유자와 흑후추 부스트'를 판매한다고 한다. 맛을 상상하는 것만으로도 온몸이 거부하지만 기회가 된다면 맛볼 의향은 있다. 실

험실처럼 생긴 Shake Cafe는 아이스크림을 믹서기로 쉑쉑 섞어 만들어 준다. 고객이 원하는 맛을 만들어 먹을 수 있다. Gallery Cafe는 채식주의자를 위한 음식을 판다.

반면 내추럴 히스토리 뮤지엄 카페는 사이언스 뮤지엄에 있는 카페에 비해 특별한 컨셉은 없지만 신선한 과일과 야채에서 비타민을 얻고 따뜻하게 조리된 음식 한 접시에 필요한 에너지가 골고루 들어있도록 판매하고 있다. 그린존에 있는 The T. rex Grill 에서는 '준비해 가지고 온 아가들 이유식을 데워 달라고 요청하면 전자레인지에 데워줍니다.'라고 적혀 있다. 이곳을 제외하고 외부에서 싸서 온 음식은 인베스티 게이트 센터 옆에 마련된 피크닉 장소에서 먹을 수 있다.

지독한 짝사랑

2019년 7월, 중 3이 된 태영이를 데리고 짧은 런던 여행을 나섰다. 비행기가 이륙한 후 착륙해서 숙소에 도착할 때까지 오만가지 생각과 우려로 온몸의 신경이 다 살아나 예민함의 극치에 달했던 나는 하루가 지나고 나서야 마음의 안정을 찾았다. 그제서야 해가 솟아오르며 내뿜는 빛을 받으며 모습을 드러내는 창밖 풍경을 보며 안도의 한숨을 내쉬었다. 그리고 인사를 건넸다. "안녕, 런던. 잘 있었어? 나 또 왔어." 지독한 짝사랑이다.

태영이가 친구 애니스와 함께 하루를 보내기로 한 날, 나는 마음먹고 혼자서 사진기를 챙겨 일찌감치 런던으로 나서기로 했다. 쉽게 찾아오지 않을 기회라 생각하니 설레는 마음과 함께 부담감이 커졌다. 잠깐 눈을 붙인다는 것이 출발 예정 시각보다 한 시간이나 늦어버렸다. 아무도 없는 런던의 새벽 거리에서 이방인이 아닌 주인 행세를 하고 싶었는데 기회를 놓쳐버렸다. 급하게 준비하고 밖으로 나왔지만 내 마음을 아는지 모르는지 역으로 가는 도로는 사이클 대회로 통제되어 있었다. 기차역으로 가기 위해서는 멀리 돌아서 움직여야 했다. 당장 울음이 쏟아질 것 같았다. 여행의 기쁨을 넘어 격해져버린 내 마음은 통제가 되지 않았다.

V&A에 도착하자마자 '세커 코트 야드' 사진을 찍기 시작했다. 〈비경〉이라는 제목을 달고 있지만, 비경이라고 설득될 만한 사진이 없어서 느꼈던 아쉬움을 이번에 만회하리라. 공간의 끝에서 끝까지 오갔다. 가로세로 사진기 방향을 바꿔가면서 비경을 담기 위해 애를 썼다. 너무 이른 시간부터 분주한 내 행동이 거슬렀을까? 지켜보던 V&A 관계자가 내게 다가와 의아한 어투로 말을 걸기도 했지만 계속 사진을 찍었다. 그리고 세커 코트 야드에 마련된 카페에 앉아 에스프레소를 목에 넘기고 바로 옆에 있는 사이언스 뮤지엄을 노려봤다. '그래, 새로 생겼다는 원더랩으로 가보자.' 사이언스 뮤지엄 출입문이 열리자마자 원더랩으로 뛰어갔다.

변화하는 런던, 그곳에 박물관 지난 8년간 런던에 있는 박물관을 다니며 느끼지 못했던 침체된 기운을 올해의 짧은 여정 중에 방문한 사이언스 뮤지엄에서 느낄 수 있었다. 고작 일 년 반이라는 시간이 흘렀을 뿐이라 생각했는데 이곳이 맞이한 변화의 속도는 빨랐던 걸까. 예전과 다르게 기부를 보다 적극적으로 권장했고, 전시를 종료하거나 비어 있는 전시관이며 '왓츠온 게시판'이 없어진 사실을 알고 깜짝 놀랐다. 브렉시트로 경기가 좋지 않다고 하더니 박물관 재정 상태도 나빠진 걸까. 정확히 어떤 변화가 있는지 짧은 방문으로 파악하기는 불가능했다.

한국으로 가기 전날, 금요일에 진행하는 '비하인더 씬 스피릿 컬렉션 투어' 참여를 위해 일찍 내추럴 히스토리 뮤지엄으로 갔다. 투어를 진행하는 강사로부터 '정부의 지원이 줄어들고 있다'라는 짧은 이야기를 듣게 되었다. 아마도 정부의 지원이 줄어들더라도 예전과 같은 교육과 감상의 기회를 제공하기 위해서 대중에게 적극적으로 기부를 권장하고 있나 보다.

다행히도 이번 여정에서 시간을 내어 찾아간 몇몇 박물관을 통해 또 한번 확실히 느낀 것이 있다. 런던에 있는 박물관은 전시를 넘어 대중을 교육하고, 그들과 소통하려는 의지와 노력에 있어서는 그 어느 나라에 있는 박물관보다 충실하다. 어떠한 외부의 변화가 있더라도 박물관을 아끼고 사랑하는 사람들에 의해 보존되고 발전되리라 믿는다. 그 자리에 묵묵히 자리를 지키고 있을 박물관. 그리고 그 속에서 방문객의 말을 경청하고 친절하게 답해주는 박물관 사람들. 특별하지만 익숙해서 편안하게 즐길 수 있는 그곳을 나는 어김없이 찾아갈 것이다. 다음 방문까지는 시간이 조금 오래 걸리겠지만 말이다.

런던, 그곳에 박물관

초판 1쇄 인쇄 2021년 9월 1일
초판 1쇄 발행 2021년 9월 8일

지은이   서미범
펴낸곳   스노우폭스북스
편집인   서진

편집   강민경
편집진행   성주영 박정아

마케팅   구본건 김정현 이민우
영업   이동진

디자인   강희연

주소   경기도 파주시 광인사길 209, 202호
대표번호   031-927-9965
팩스   070-7589-0721
전자우편   edit@sfbooks.co.kr
출판신고   2015년 8월 7일 제406-2015-000159

ISBN   979-11-91769-07-4 (03980)